# VORGESCHICHTLICHE FORSCHUNGEN

IN VERBINDUNG MIT
O. ALMGREN, G. KARO, B. MEISSNER,
H. OBERMAIER UND H. RANKE
HERAUSGEGEBEN VON
M. EBERT

ZWEITER BAND ERSTES HEFT

# DAS SCHWERT DER SKYTHEN UND SARMATEN IN SÜDRUSSLAND

VON

WALDEMAR GINTERS

BERLIN 1928

VERLAG VON WALTER DE GRUYTER & CO.

# DAS SCHWERT DER SKYTHEN UND SARMATEN IN SÜDRUSSLAND

VON

WALDEMAR GINTERS

MIT 43 TAFELN

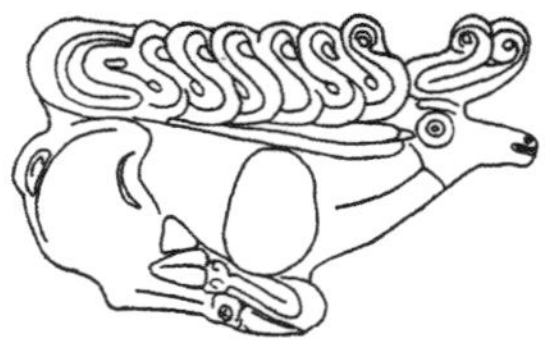

BERLIN 1928

VERLAG VON WALTER DE GRUYTER & CO.

Printed in Germany

Druck von Metzger & Wittig in Leipzig

# VORWORT

Die vorliegende Arbeit ist im Februar 1927 der philosophischen Fakultät der Albertus-Universität zu Königsberg eingereicht und von ihr als Doktordissertation angenommen worden. Gedacht ist diese Behandlung der skythischen und sarmatischen Schwertformen als Teil einer zusammenhängenden Darstellung der gesamten Angriffs- und Schutzwaffen dieser Völker in Südrußland. Eine vollständige Übersicht über das ganze hierbei in Frage stehende Fundmaterial ist jedoch zur Zeit unmöglich. Auch erforderte die typologische Behandlung und Systematisierung der mir zugänglichen Schwertfunde unter Verwertung aller bisher vorliegenden Forschungsergebnisse auf diesem Gebiet eine größere Ausführlichkeit. Der dabei erreichte Umfang und in sich abgeschlossene Charakter dieser Untersuchung machten es wünschenswert, sie als selbständige Arbeit herauszugeben.

Die erste Anregung zu dieser Arbeit verdanke ich meinem hochverehrten Lehrer, Herrn Professor Dr. M. Ebert, Berlin, welcher mich auch im Verlauf meiner Arbeit mannigfach in meinen Studien gefördert hat. Außer dem zugrunde gelegten gesamten russischen publizierten Material und der auf diese Fragen bezüglichen Literatur habe ich bei meinen Museumsstudien in Berlin die mir liebenswürdig erteilten Auskünfte der Herren Museumsdirektoren Prof. C. Schuchhardt, R. Zahn und A. von Le Coq verwertet. Herrn Dr. Nandor Fettich, Budapest, habe ich zu danken für eine Anzahl von Photographien und zahlreiche Auskünfte über das schwer zugängliche ungarische Material.

Es sei mir erlaubt, an dieser Stelle auch der lettischen Universität zu Riga und dem lettländischen Kulturfond für die materielle und moralische Unterstützung, die meine vorgeschichtliche Ausbildung in Deutschland ermöglichten, meinen aufrichtigsten Dank zu erstatten.

Riga, November 1927

WALDEMAR GINTERS

# INHALT

# EINLEITUNG

Im südlichen Rußland entwickelt sich in der Zeit vom 6.—2. Jh. v. C., unter starkem Einfluß der am Nordufer des Schwarzen Meeres entstandenen Griechenkolonien (Olbia, Chersonesos, Pantikapaion u. a.), eine äußerst eigenartige und reiche Kultur, die auf Grund historischer Überlieferung den unter dem Namen Skythen (*Σκύθαι*) eine ethnische und kulturelle Einheit bildenden Völkerstämmen zugeschrieben wird. Die südrussischen Skythen, die sich nach Herodot (IV 7) selbst Skoloten nannten, wohnten, als die Griechen mit ihnen in Berührung traten, an der Küste der Maiotis und des Pontos Euxeinos vom Tanais (Don), der ihr Gebiet von dem der Sauromaten (Sarmaten) im Norden des Kaukasus trennte, bis an den Istros (Donau) auf 20 Tagereisen in das Binnenland hinein. Die von der antiken Tradition hauptsächlich als Nomaden charakterisierten Skoloten — Herodot spricht auch von seßhaften Skythen (*Σκύθαι ἀροτῆρες*) — sind nach den Ergebnissen der neueren Forschung höchst wahrscheinlich, wenigstens in der herrschenden Schicht, iranischer Abstammung und nahe verwandt den asiatischen Skythen oder Saken. Die einzelnen, unter Anführung von Fürsten stehenden, nomadisierenden Stämme, waren wohl schon zur Zeit des Herodot zum Teil lange seßhaft geworden. Etwas später, im 4.—3. Jh. v. C., werden alle zur seßhaften Lebensweise übergegangen sein, dafür spricht die große Rolle des Ackerbaues und des Getreidehandels im Pontosgebiet, das jetzt einen gewaltigen wirtschaftlichen und kulturellen Aufschwung erlebt. Dieser Blütezeit gehören die bekannten reich ausgestatteten Kurgane[1]), wie die von Čertomlyk und Alexandropol, Čmyrev, Solocha u. a. der Dnjeprgruppe, der Kurgan von Voronež am Don, der Kul-Oba und die Kurgane des Kubangebietes, an. Diese großen Gräber skythischer Fürsten und Könige haben durch ihre einzigartige und zum Teil überaus reiche Ausstattung, besonders der großen Menge von Silber- und Goldarbeiten griechischer und lokal skythischer Provenienz, seit langem das Interesse weiterer Kreise auf sich gezogen. Die Grabfunde sind es auch, die das uns überlieferte stark typisierte und konventionelle Bild der Skythen berichtigt und vervollständigt haben und uns in das Leben und die Gebräuche dieses Volkes einführten. Dieses archäologische Material liefert ebenfalls ein getreues, von jeglicher Tendenz freies Bild ihrer Bewaffnung und ihres Kriegswesens. Nach Herodot sind die Skythen ein Volk von reitenden Bogenschützen (Herod. IV 46; *ἱπποτοξόται*). Und obgleich es sicher übertrieben ist, wenn Thukydides ihnen „an Macht im Felde und Menge des Heeres" vor den Thrakern den Vorrang einräumt und behauptet, daß weder in Europa noch in Asien irgendein Volk, wenn es ohne Bundesgenossen ist, den Skythen zu widerstehen imstande wäre, falls diese selbst sich einigen könnten (Thukyd. II 97), so liegt doch kein Grund vor, ihre allgemein überlieferte kriegerische Tüchtigkeit zu

[1]) Kurgan ist die übliche aus dem Tatarischen übernommene russische Bezeichnung für Grabhügel.

unterschätzen. Daß bei der Analyse der Formen der materiellen Kultur eines kriegerisch veranlagten Volkes die Waffen eine hervorragende Rolle spielen müssen, ist selbstverständlich. Bei den intimen Wechselbeziehungen zwischen der Waffe und dem übrigen Kulturleben dieser Zeit ist die wissenschaftliche Betrachtung der Waffe als Kulturfaktor bisher viel zu wenig in Betracht gezogen. Zur allgemeinen Charakterisierung der skythischen Bewaffnung, wie sie sich uns in den genannten reichen Gräbern zeigt, sei hier als Beispiel die Bestattung aus dem Solocha-Kurgan, im Bezirk Melitopol, angeführt. Der Kurgan ist, trotz mehrfacher Behandlung, weiteren Kreisen weniger bekannt als die überall als Beispiele skythischer Gräber angeführten Kurgane von Čertomlyk und Kul-Oba und für uns besonders wichtig, weil hier eine unberührte Bestattung eines skythischen Fürsten gefunden wurde, die von einem Fachmann (N. J. Veselovskij, 1912 und 1913) aufgedeckt und untersucht ist. Die mit Plänen und Zeichnungen versehenen Fundprotokolle gestatten ein eingehendes Studium der Einzelheiten der Anlage und der Ausstattung.

Uns interessiert hier nur das völlig intakte Seitengrab[1]) mit der Hauptbestattung. Der hier bestattete skythische Fürst ruhte im östlichen Teil der Grabkammer, nach Osten orientiert in voller Bewaffnung und Schmuck. Zu seinen Füßen lag das in allen Gräbern vorhandene einfache Eisenmesser mit Knochengriff. Auf dem unteren Teil des Skelettes lagen zerstreut gegen 300 gestanzte Goldbleche verschiedener Form und Verzierung. Der Tote trug einen goldenen Halsring und auf dem rechten Arm 3, auf dem linken 2 goldene Armbänder. An der rechten Seite des Skelettes in der Höhe des Gürtels fand sich ein 50,9 cm langes eisernes Kurzschwert mit goldbekleidetem Griff und ebensolcher Scheide. Der Schwertgriff und die Scheide sind reich verziert mit den typischen Tierdarstellungen der südrussischen Tierornamentik (Tf. 21 c, 22 b). Rechts vom Kopf lag ein eiserner Schuppenpanzer, hinter dem Kopf ein bronzener Helm und der berühmte Goldkamm mit der Darstellung kämpfender Skythen, eine der schönsten antiken Goldschmiedearbeiten aus Südrußland (Tf. 7 a). Längs der rechten Hand ruhte ein Zepter in Form einer Keule mit bronzenem Kopf und Beschlag des unteren Endes. Ebenfalls rechts vom Toten lagen bronzene Pfeilspitzen; der Köcher selbst war vergangen. Daselbst traf man auch ein zweites eisernes Schwert, dessen Scheide sich nicht erhalten hatte. Südlich vom Skelett lagen die 6 Silbergefäße mit den Skythendarstellungen und ein mit Gold beschlagenes Holzgefäß. In einer Nische der Nordwand war eine goldene Schale und darauf ein Goryt mit Silberbelag, dessen Mitte die interessante Kampfszene ziert (Tf. 8), geborgen. Im Goryt befanden sich 180 Pfeile mit den bekannten bronzenen skythischen Pfeilspitzen. Die anderen Einzelheiten der Bestattung, die sie mit ähnlichen skythischen Kurganen gemein hat, interessieren uns hier nicht.[2]) Längs der Nordwand der Grabkammer ruhte das Skelett eines Mannes, wohl eines Bedienten des ersteren. An seiner rechten Seite lagen wieder ein eisernes Kurzschwert, am Kopf die Reste eines Eisenpanzers und an der linken Schulter 3 eiserne Lanzenspitzen und große bronzene Pfeilspitzen. Westlich vom Gang zur Grabkammer befand sich ein Pferdegrab mit 5 Pferden.

Das oben beschriebene Grab zeigt uns die typische Bestattung eines skythischen Großen in voller Ausrüstung mit seinen Pferden und Knechten. Die

---

[1]) Otčet 1912, S. 40ff.; ebd. 1913—1915, S. 104ff.

[2]) Zur allgemeinen Orientierung über den skythischen und sarmatischen Kultur- und Formenkreis sei hier auf folgende, das ganze Gebiet umfassende Arbeiten hingewiesen: M. Ebert, Südrußland im Altertum 1921; Ellis H. Minns, Scythians and Greeks 1913; Rostovcev, Iranians and Greeks 1922; ders., Skythien und der Bosporus (Skifija i Bospor) 1925; Kondakov, Tolstoi und Reinach, Les antiquités de la Russie méridionale 1891; S. Reinach, Antiquités du Bosphore Cimmérien 1892.

Waffen sind hier, wie in allen anderen reichen Kurganen Südrußlands, reich mit Gold und Silber verzierte Prunkwaffen. Die Angriffswaffen bestehen aus dem im Goryt[1]) getragenen Bogen, Lanzen (Wurf- und Stoßlanzen), einem Kurzschwert und der Streitaxt, welche verhältnismäßig selten ist und öfters in Miniaturform als Zepter auftritt; als solches ist wohl auch die Bronzekeule von Solocha zu deuten. Die Keule ist kein typischer Bestandteil der skythischen Bewaffnung und mag da, wo sie ausnahmsweise auftritt, auf lokaler vorskythischer, möglicherweise thrakisch-kimmerischer Tradition beruhen. (Vgl. z. B. die alabasternen Keulenköpfe aus dem Fund von Borodino: E. v. Stern, Materialy 34 [1914] S. 1—14; A. Spicyn, Festschrift f. d. Gräfin Uvarova 1916 S. 108 ff.; Ebert, Reallexikon Band II Tf. 61).

Die Schutzwaffen bestehen aus dem Helm (der nicht sehr häufig ist und in der Regel nur bei reicheren Bestattungen auftritt, wo er dann gewöhnlich griechischer Import ist), einem Schuppenpanzer aus Eisen oder Bronze und dem Schild. Beinschienen (wie z. B. die aus dem Kul-Oba und die des Reiters auf dem Solocha-Kamm Tf. 7 a) sind nur in Ausnahmefällen zutage getreten und scheinen bei der Bewaffnung keine Rolle gespielt zu haben.

Das Bild der Ausrüstung skythischer Krieger, das wir den Grabfunden entnehmen, stimmt überein mit dem der konventionell-realistischen Skythendarstellungen auf den Gold- und Silberarbeiten (Solocha, Kul-Oba, Čertomlyk, Voronež u. a.), deckt sich aber nur z. T. mit der uns überlieferten antiken literarischen Tradition.

Letztere schildert die Skythen als leichtbewaffnete Bogenschützen, deren Hauptwaffe der berühmte skythische Bogen ist, und die jeglicher schwereren Ausrüstung entbehren. Diesem Charakter der leichten skythischen Bewaffnung gemäß wird auch die Taktik und Kriegsführung der Skythen und der ihnen verwandten, die gleiche Art der Ausrüstung tragenden persischen und sakischen Reiterei beschrieben. Sie legen das Hauptgewicht auf die Schnelligkeit ihrer Pferde und die Gewandtheit im Bogenschießen. Die Strategie der Skythen soll der Kleinkrieg sein. Der offenen Schlacht suchen sie nach Möglichkeit auszuweichen, ebenso dem Zusammenstoß mit dem Fußvolk. Es ist auch nicht so sehr die hervorragende persönliche Tapferkeit, die ihnen den Ruf großer Kriegstüchtigkeit sicherte, sondern die vortreffliche, der Ausrüstung und den gegebenen Verhältnissen des südrussischen Steppengebietes angepaßte Kampfweise, welche den Gegnern größtenteils fremd und ungewohnt war. Diese sich wohl hauptsächlich auf Herodot stützende antike Vorstellung von der Bewaffnung und Kampfweise der Skythen entspricht zwar den schon erwähnten, etwas konventionell anmutenden Skythendarstellungen auf den südrussischen Goldarbeiten und den sog. skythischen Bogenschützen auf den griechischen Vasenmalereien, wird aber durch die Grabfunde als konventionell einseitig berichtigt und vervollständigt. Der Bogen im Goryt mit oft bis 300 Pfeilen spielt auch hier eine hervorragende Rolle, wird aber von Ausrüstungsstücken begleitet, die durchaus nicht zu einer ausschließlich leichten Bewaffnung in oben beschriebenem Sinne gehören. Es gibt kein einigermaßen reicher ausgestattetes und gut untersuchtes Grab, in dem der eiserne oder bronzene Schuppenpanzer fehlt; dem gesellt sich öfters der bronzene Helm griechischer Form und Arbeit zu. Das ist keine leichte Ausrüstung, wenn man noch bedenkt, daß die lange Stoßlanze oft in drei und mehreren Exemplaren eine typische Grabbeigabe seit ältester Zeit ist.

---

[1]) Der Goryt (*γωρυτός*, *κορυτός*) ist eine bei den Skythen, Saken und Persern gebräuchliche Vereinigung von Bogenbehälter und Pfeilköcher. Vgl. Tf. 8, den Gorytbeschlag von Solocha und die Goryte der beiden Skythen auf dem Goldkamm, Tf. 7 a; Goryte der reitenden Pantikapäer, Tf. 30.

Um das Jahr 200 v. C. wird die Herrschaft der Skythen in Südrußland durch die vom Osten her eindringenden Sarmaten abgelöst. Dieser historisch überlieferten Umwälzung entsprechen neue Erscheinungen im Charakter des archäologischen Materials dieser Zeit und das uns hier besonders interessierende Auftreten neuer Waffenformen. Diese neuen Formen bilden zwar keinen vollständigen Bruch mit den bisherigen skythischen, können aber auch nicht genetisch direkt von diesen abgeleitet werden und müssen daher mit dem erwähnten Einbruch neuer iranischer Völkerstämme in Zusammenhang gebracht werden.

Die große Wichtigkeit der Waffen in ihren Beziehungen zur allgemeinen Kultur und besonders als Erzeugnis nationaler Charakterbesonderheiten ist öfters hervorgehoben worden, trotzdem hat sich unsere Kenntnis der skythischen und sarmatischen Waffen bis vor kurzem auf die oben in aller Kürze geschilderten allgemeinen Züge der Bewaffnung beschränkt. Selbst diese allgemeinen Kenntnisse stützten sich weniger auf das in diesem Falle allein ausschlaggebende Fundmaterial als auf die voreingenommene antike Überlieferung, die besonders in diesem Falle nur so weit mit Sicherheit zu verwerten ist, als sie an Hand des archäologischen Materials nachgeprüft werden kann.

Trotz des Interesses, das für die skythisch-sarmatische Kulturwelt dank der aufsehenerregenden Funde schon früh erwacht war und in letzter Zeit wieder besonders rege ist, fehlte es bis vor kurzem fast völlig an Einzelstudien auf dem Gebiet der Waffen. Das liegt wohl an dem Charakter des Fundmaterials und einer gewissen einseitigen Einstellung der bisherigen russischen archäologischen Forschung, die auf diesem Gebiet von den Traditionen der klassischen Archäologie ausging. Diese mehr kunstgeschichtliche Haltung gegenüber dem südrussischen archäologischen Material bewirkte, daß das Hauptinteresse den Denkmälern griechischer Herkunft und denen der lokalen skytho-sarmatischen und graeko-skythischen Produktion, nur soweit sie als Prachtstücke kunstgeschichtliche Werte besaßen, zugewandt wurde. Eine große Schwierigkeit für den Forscher, besonders den Nichtrussen, liegt in dem Charakter des zu bearbeitenden Materials selbst. Das äußerst umfangreiche zu verwertende Fundmaterial stammt aus Einzel- und Gräberfunden und ist, in vielen Museen und Sammlungen Rußlands zerstreut, nur schwer zugänglich. Die Schwierigkeit einer Systematisierung des Materials wird noch größer durch den Umstand, daß es, soweit es sich nicht um Zufallsfunde handelt, aus Grabungen stammt, die zum großen Teil von Liebhabern und zufälligen Interessenten gemacht wurden. Bei diesen Grabungen fehlt es oft an den elementarsten Beobachtungen der so wichtigen Einzelheiten der Fundumstände. Fachmännisch geleitete Grabungen in den Kurganen des Steppengebietes erfolgten erst in jüngster Zeit.

Dieses so gewonnene sehr große archäologische Material ist nur zum Teil und fast auch nur in den russischen Materialsammlungen (Otčet, Materialy, Izvěstija, Trudy u. a.) veröffentlicht. Gerade die uns interessierenden Waffen sind hier größtenteils nur so weit berücksichtigt und beschrieben oder abgebildet, als es sich um besonders hervorragende Prachtstücke handelt. Die einfachen, für die Forschung nicht weniger wichtigen Waffenformen, wie unverzierte Schwerter, Lanzen, Panzer u. a., werden oft nur aufgezählt oder als nicht beachtenswert überhaupt nicht erwähnt. Die von Rostovcev angeregte Schaffung eines „Corpus Tumulorum“, das das gesamte Material Südrußlands umfassen würde, ist leider ein Ideal, an dessen Verwirklichung begründete Zweifel bestehen.

Was die uns hier interessierende Frage der skythischen und sarmatischen Schwertformen anbetrifft, so fehlte es bis jetzt, mit Ausnahme von Charakterisierungen allgemeiner Natur, in den schon erwähnten Handbüchern von Ebert,

Minns und Rostovcev und einigen Beobachtungen von Lenz[1]), der eingehenden Veröffentlichung eines Dolchscheidenfragments von Ebert[2]), sowie den von Furtwängler gebotenen Erörterungen bei der Behandlung des Fundes von Vettersfelde[3]), an Einzelstudien. (Die Behandlungen mehr kunstgeschichtlichen Charakters von Prunkschwertern, wie das aus dem Kul-Oba, von Čertomlyk, aus dem Melgunov-Funde u. a., zählen hier nicht mit.) Rostovcev ist es gewesen, der als erster sich eingehender bei verschiedenen Gelegenheiten mit Fragen der skythischen und sarmatischen Bewaffnung überhaupt und des Schwertes insbesondere beschäftigt hat.

Er berührt die Fragen der allgemeinen Bewaffnung zuerst in seinem Werk über die antike dekorative Malerei in Südrußland (S. 326ff.) und behandelt dann des näheren die Schwertfrage in seiner Arbeit über Kurganfunde der späthellenistischen und römischen Zeit im Orenburggebiet, bei der Besprechung der Silbervase von Voronež[4]), sowie bei der Veröffentlichung des sog. Messaksudi-Fundes.[5])

Trotz der oben geschilderten ungünstigen Verhältnisse für eine Bearbeitung der Waffenformen, gestattet eine Zusammenstellung sämtlicher zugänglicher Schwerter aus der hier in Betracht kommenden Zeit einen Überblick über alle in Südrußland vertretenen Schwertformen, ihre Entwicklung und Beziehungen zu den Nachbargebieten. Es ist hier notwendigerweise vermieden worden, Vollständigkeit des Fundmaterials anzustreben. Eingehende Studien in den russischen Sammlungen werden naturgemäß viel neues unbekanntes Material zutage fördern und die hier versuchte Systematisierung der skythischen und sarmatischen Schwerter in den Einzelheiten wohl vervollständigen, aber schwerlich die hier aufgestellten Richtlinien der formalen Entwicklung und der typologischen Zusammenhänge umwerfen. Es ist der Versuch einer Gesamtdarstellung aller Schwertformengruppen skythischer und sarmatischer Zeit in Südrußland und den in Betracht kommenden angrenzenden Gebieten unter weitgehender Verwertung der bisher vorliegenden Forschungsergebnisse.

Das Schwert kann seinem Wesen nach vom rein formalen, kunstgeschichtlichen und waffentechnischen Standpunkt aus betrachtet werden. Ich habe mich hier grundsätzlich auf die formale Analyse der einzelnen Formengruppen, ihrer Entwicklung und gegenseitigen Wechselbeziehungen beschränkt.

---

1) Lenz, Izvěstija 14 (1905) S. 54ff.

2) M. Ebert, Opuscula Archaeol. O. Montelio dicata 1913 S. 271ff.

3) Furtwängler, Der Fund von Vettersfelde 1883 S. 32ff.

4) Rostovcev, Materialy 34 (1914); ebd. 37 (1918).

5) Ders., Une trouvaille de l'époque gréco-sarmate de Kertsch au Louvre et au Musée de Saint-Germain, in Monuments et Mémoires publiés par l'académie des inscriptions et belles-lettres. Fondation E. Piot 26 (1923) S. 99—163.

# 1. DIE ARCHAISCHEN KURZSCHWERTER

Eine Reihe der ältesten, dem 6. und der Wende des 6. zum 5. Jh. angehörigen Schwerter müssen, da sie für die Fragen der Entwicklung der skythischen Schwertformen von besonderer Wichtigkeit sind und überhaupt zu den eigenartigsten und wertvollsten Funden der skythischen Frühzeit in Südrußland gehören, eingehend behandelt werden. Sie sind darum hier als besondere archaische Gruppe der skythischen Kurzschwerter zusammengefaßt worden.

Eins der ältesten und interessantesten skythischen Kurzschwerter stammt aus dem sog. Melgunov-Fund, der im Jahre 1763 gehoben wurde. Der Litoj-Kurgan („gegossener Kurgan") genannte Grabhügel, dem der Fund entnommen wurde, befindet sich 32 km von Jelisavetgrad, im Gouv. Cherson. Alle erhaltenen Gegenstände des Fundes werden in der Eremitage aufbewahrt.[1]) Von dem Schwert ist nur der sehr beschädigte Griff und die Goldblechumkleidung der Scheide erhalten. Die Klinge fehlt, war aber, nach der Scheide zu urteilen, etwa 43 cm lang und im Durchschnitt 3 cm breit und von gerader Form mit ziemlich parallel verlaufenden Seiten und kurzer Spitze. Der 14 cm lange Griff (Tf. 2 a, b) des Schwertes ist aus Eisen und ebenso wie die Scheide mit Goldblech belegt. Der Griffknauf wird von einem länglichen Querstück mit abgerundeten Enden gebildet, über dessen obere Fläche sich in der Mitte ein flaches Viereck erhebt (Tf. 2 d). Dieses Viereck ist mit Granulation verziert, die die obere Fläche umrahmt und in der Mitte der Länge nach in 2 Teile teilt, an deren Längsseiten sich je 4 kleine Dreiecke anlehnen. Die freien Ecken zu beiden Seiten des Vierecks sind mit je 2 kleinen untereinander verbundenen Rosetten gefüllt. Dem entsprechen auf der unteren Fläche zu beiden Seiten der Griffstange zwei rautenförmige Figuren. Den ganzen Knauf umschließt ein Lotosblüten- und Knospenband. Die Griffstange ist flach mit gewölbten Seiten. Ein Blätterstab teilt die beiden Flachseiten der Länge nach in zwei Hälften, während die gewölbten Seiten mit dem der assyrischen Ornamentik geläufigen Lebensbaummotiv verziert sind. Ganz oben am Griff, gleich unter dem Knauf, ist ein massiver Ring aus Gold befestigt, dessen Bedeutung nicht ganz sicher ist. Der Griffabschluß hat die, wie wir sehen werden, für das skythische Kurzschwert charakteristische herzförmige Form (Tf. 2 b), deren oberer Umriß viereckig gestaltet ist, und dessen oberer Rand auf beiden hervorragenden Seiten in entgegengesetzter Richtung schräg geriefelt ist. Auf dem herzförmigen Feld des Griffabschlusses befanden sich zwei antithetisch angeordnet ruhende Steinböcke mit zurückgelegtem Kopf, von denen nur einer einigermaßen erhalten ist. Die beiden Ecken über den Tieren sind wieder durch zwei Rosetten gefüllt. Daß sich in der jetzt zerstörten Mitte des Goldbelages zwischen den beiden Steinböcken, der Darstellung

---

[1]) E. Pridik, Materialy 31 (1911); Poulsen, Der Orient und die frühgriechische Kunst 1912 S. 70; Rostovcev, Montelius-Festschrift 1913 S. 231; ders., Skythien S. 469; Ebert, Südrußland S. 113f.; Minns, Scythians S. 171; Ebert, Reallexikon s.v. Melgunov-Fund.

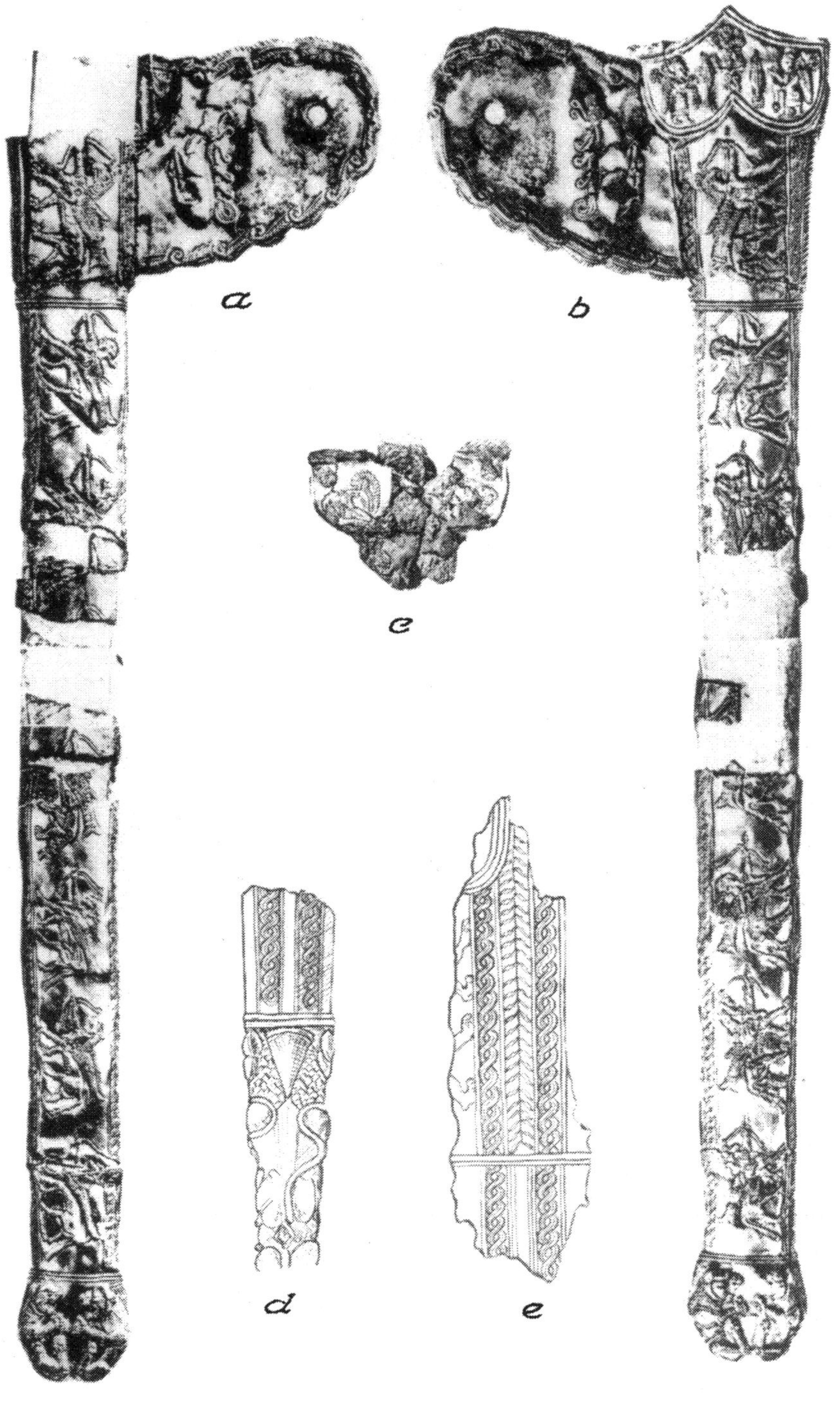


Litoj-Kurgan (sog. Melgunovfund), Gouv. Cherson: a, b. Goldbelag der Akinakesscheide. L. etwa 47 cm. — c. Unterer Abschluß des Schwertgriffes. — d, e. Seitenansicht vom Goldbelag der Scheide am Scheidenmund und am unteren Abschluß. — Nach Materialy 31 (1911) Tf. III, IV und Abb. 5, 6.

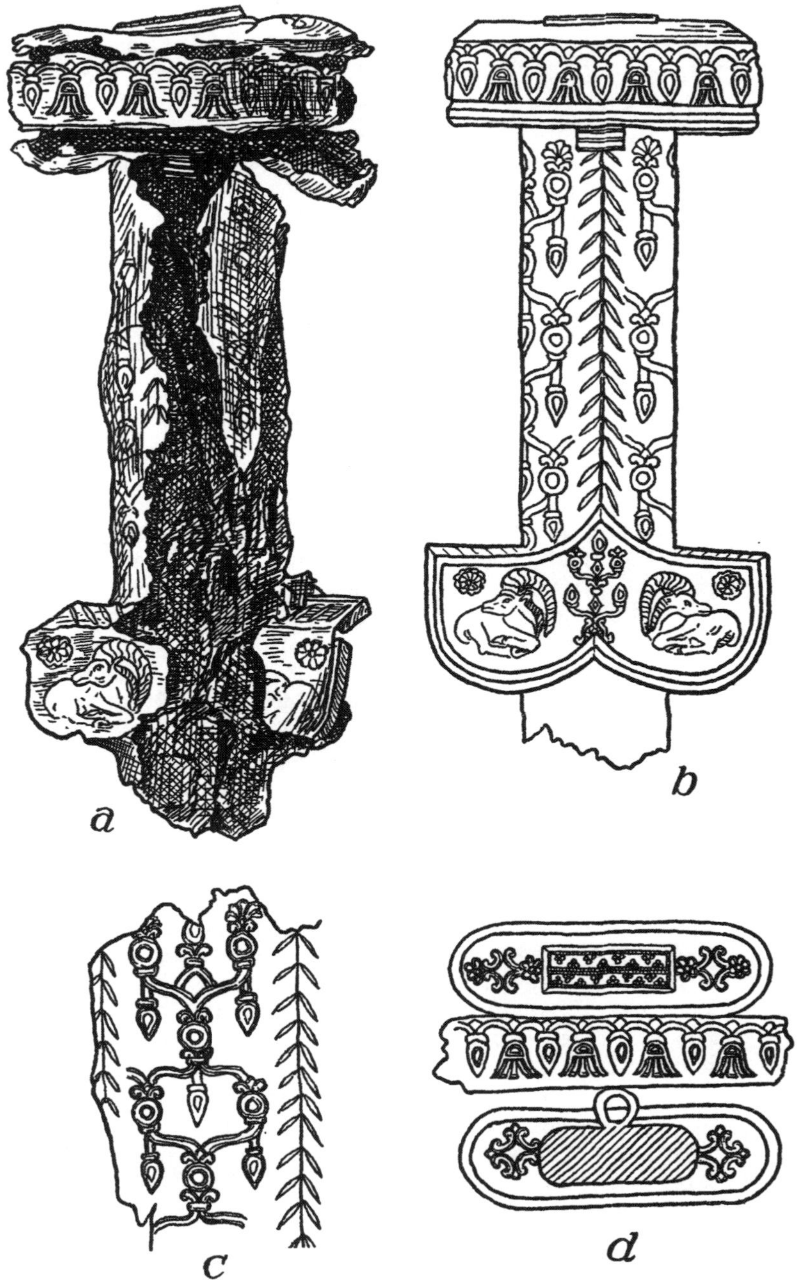


Der Griff des Kurzschwertes aus dem Melgunov-Fund („Litoj-Kurgan“).
a. Erhaltungszustand. — b. Wiederherstellung. — c. Goldbelag der Griffstange. — d. Verzierung des Griffknaufes. — Nach Materialy 31 (1911) Abb. 1—4.

auf dem oberen Scheidenende entsprechend, ein stilisierter Lebensbaum befand, wie ihn Pridik auf seiner Rekonstruktion des Griffes (Tf. 2 c) gibt, ist wohl möglich.

Von der prachtvollen Scheide des Schwertes ist auch nur der Goldbelag (Tf. 1 a, b) im defekten Zustande erhalten. Die Länge der Scheide betrug etwa 47 cm, die Breite am Scheidenmund 6,5 cm und an der schmalsten Stelle 3 cm. Der obere herzförmige Teil der Scheide, der nur auf der einen Seite erhalten ist, entspricht genau derselben Form des Griffabschlusses und umschließt ihn, wenn das Schwert in der Scheide ruht. Er ist durch zwei plastische Linien umrahmt, und die Mitte dieser wieder herzförmigen Fläche bildet ein Lebensbaum, zu dessen beiden Seiten je eine Zypresse in einem viereckigen Kasten steht. Links und rechts davon stehen zwei geflügelte Genien im gefransten Gewand, das Haupt mit einer Mitra bedeckt, die rechte Hand erhoben, in der linken einen Stab nach unten gesenkt. Die beiden Ecken hinter ihnen füllen wieder zwei Rosetten. Auf beiden durch Flechtbänder umrahmten Längsseiten der Scheide befinden sich friesartig angeordnet je 8 in der Richtung des Scheidenmundes schreitende phantastische Mischwesen. Es sind 4 verschiedene Typen, die sich auf jeder Seite zweimal in derselben Anordnung wiederholen: bogenschießende Sphinxe und Greife mit verschiedenen Köpfen (Menschen-, Löwen-, Raubvogel- und Widderköpfe), Rind- und Löwenkörper und mit als Fische gebildeten Flügeln. Die Scheide endet unten in einer hohlen, kugelartigen Verdickung, die massiver gearbeitet ist als die übrige Scheide. Dieses Schlußstück ist mit zwei gegeneinander gewandten Löwen verziert, in der Art, wie sie auf gewissen assyrischen Schwertern häufig sind. Am oberen Teil der Scheide befindet sich ein seitlicher breiter Ansatz, der aus zwei länglich halbrunden Platten, die auf der einen Seite zusammengelötet, auf der anderen mit 5 Nieten zusammengenietet sind, besteht. Den äußeren Rand ziert ein Ornament in Form einer Schnur, die um jeden der 12 angedeuteten Nietenköpfe, von denen nur 5 wirkliche Nieten sind, geschlungen ist und sie untereinander verbindet. Auf beiden Seiten ist ein ruhender Hirsch dargestellt mit starkem, stilisierten, in Voluten auslaufenden Geweih. Darüber, nach dem Rand zu, befindet sich ein rundes Loch, das Ganze seiner Bestimmung nach also eine Art von Tragöse. Was die Technik des Schwertes anbetrifft, so ist es eine sehr sorgfältige und gute Arbeit. Die ganze Verzierung des Schwertgriffes befindet sich schon im Relief auf dem Eisenkern. Das dünne Goldblech wurde auf den in Eisen fertigen Griff aufgelegt und die plastische Verzierung herausgehämmert.[1]) Der Goldbelag der Scheide besteht aus 3 Teilen: dem unteren kugeligen Schlußstück (Seitenansicht Tf. 1 d, e), der langen Scheidenbahn mit dem Tierfries und dem oberen Teil mit dem herzförmigen Scheidenmund und dem seitlichen Ansatz. Die Verbindungsstellen, an denen die Teile zusammengelötet sind, kennzeichnet eine Art Umschnürung. Die einzelnen Teile bestehen aus einem dünnen Goldblech, das in der Mitte der Länge nach zusammengebogen ist, und dessen Ränder übereinandergreifen. Sie sind so kunstvoll verbunden, daß Spuren einer Lötung nicht zu erkennen sind. Ob der seitliche Scheidenansatz mit dem oberen Scheidenteil aus einem Stück gearbeitet oder angesetzt ist, ist ebenfalls nicht zu erkennen (Pridik, a. a. O. behauptet, keine Spuren einer Verbindung beider gefunden zu haben). Die Unterlage, auf der der Goldbelag befestigt war, hat sich nicht erhalten und wird wohl aus Holz und Leder zu denken sein. Bei der Zusammenstellung aller Teile ergibt sich ein Kurzschwert von etwa 55 cm Gesamtlänge (Tf. 3 a), dessen eigenartige Bildung des Griffabschlusses und des ihm entsprechenden Scheidenmundes, sowie des großen seitlichen Ösenansatzes für die ganze Gruppe dieser Schwerter charakteristisch ist.

---

[1]) Über diese Technik vgl. Farmakovskij, Zum Köcher von Čertomlyk und Iljincy, Bobrinskoj-Festschrift 1911 S. 45ff.

Dieses im Gebiet zwischen dem Bug und Dnjepr gefundene Kurzschwert hat nun ein getreues Gegenstück aus dem östlichen Teil des südrussisch-skythischen Kulturkreises. Im Kubangebiet, nördlich von Maikop, am Flüßchen Kelermes, wurde 1903 ein Kurgan aufgedeckt, der eine noch nicht gestörte reiche Bestattung enthielt. Hier lag bei der rechten Hand des Skelettes ein Kurzschwert, das eine bis auf einige Einzelheiten der Verzierung genaue Replik des Melgunovschen Schwertes darstellt, in Stil und Ausführung aber noch feiner und ausgeprägter ist (Tf. 3 b). Zu den 4 Typen von phantastischen, mit Fischen geflügelten Wesen treten noch zwei hinzu, die mit Rinderkopf und gehörntem Löwenkopf versehen sind. Abweichend ist nur die Verzierung des Griffes, wo auch die religiöse Szene des oberen herzförmigen Teiles der Scheide auf dem Griffabschluß derselben Form des Schwertes wiederholt ist und in den Einzelheiten von der Darstellung am Melgunovschwert etwas abweicht.[1]) Was den Stil dieser beiden Schwerter anbetrifft, so gehören beide zu einer Gruppe frühester skythischer Funde, die bei stark orientalischem Charakter eine eigentümliche Stilmischung aufweisen, indem archaisch-jonische mit skythisch-persischen und assyrischen Formen nebeneinander auftreten. Die Form der beiden Kurzschwerter ist, wie wir später sehen werden, eine typisch skythisch-persische. Das Motiv des ruhenden Hirsches ist eine charakteristische und sehr verbreitete Zierform der skythischen Tierornamentik, während die phantastischen Tiergestalten der Scheide und die übrige Verzierung rein assyrische und kleinasiatisch-jonische Elemente aufweisen. Die Funde aus dem Kurgan von Kelermes und dem Litoj-Kurgan werden ihrem Stil nach einstimmig in das 6. Jh. gesetzt. Neuerdings aber wird der Kelermesfund mit einigen anderen von Borovka in das 7. Jh. datiert.[2]) Nähere Ausführungen und Begründungen von Borovka fehlen bisher noch und wären interessant, da bis jetzt kein in das 7. Jh. datierbarer skythischer Fund bekannt ist.

Zeitlich und dem orientalischen Charakter nach auch stilistisch sehr nahe steht den eben besprochenen Stücken ein Kurzschwert aus einem Kurgan bei der Jelisavetovskaja Stanica (Dondelta), der von dem Schulleiter J. Ušakov aus Jelisavetovka 1901 ausgegraben wurde. Der Fundbericht sowie die Funde selbst sind leider nicht veröffentlicht, mit Ausnahme des Goldblechs der Schwertscheide, die von Kieseritzky im Arch. Anz. (17 [1902] S. 44) besprochen ist. Es ist ein Kurzschwert desselben Typus wie die oben besprochenen, mit einem mit Goldfolie umkleideten Griff.[3]) Der Scheidenbeschlag ist, bei einer Länge von 54 cm, 9,5 cm breit, was ganz ungewöhnlich ist und sonst bei keiner der uns bekannten Schwertscheiden aus Südrußland auch nur annähernd anzutreffen ist. Der ganze Beschlag der Schwertscheide (Tf. 7 b) besteht aus einem gestanzten Goldblech, das mit kleinen Nägeln auf der (wohl hölzernen) Unterlage befestigt war. Der etwas beschädigte Scheidenmund hat wieder den herzförmigen Ausschnitt, dem der ebenso gestaltete Griffabschluß des Schwertes entspricht. Der seitliche Scheidenansatz für die Tragöse ist nicht vorhanden, wird aber wohl ursprünglich dagewesen sein. Die Scheide verjüngt sich ein wenig nach unten zu und ist am unteren Ende abgerundet. Auf der Scheidenfläche befindet sich, wieder friesartig angeordnet, im flachen, aber scharfen Relief die Darstellung dreier ganz eigentümlich stilisierter

---

[1]) Das Stück, wie auch der ganze Fund, ist leider noch nicht publiziert. Eine Abb. bei Rostovcev, Iranians, Tf. VIII und bei P. K. Stepanov, Istorija russkoj odeždy (Geschichte der russischen Tracht) Petrograd S. 22, Abb. 17. Kurzer Bericht von Pharmakovskij im Arch. Anz. 1904 S. 100. Rostovcev, Skythien S. 469. Ebert, Südrußland S. 116.

[2]) Vgl. Tallgren, Neues über russische Archeologie, Anzeiger der Finnisch-ugrischen Forschungen 18 Heft 1—3.

[3]) Kieseritzky, Arch. Anz. 1902 S. 44, Abb. 45; Tallgren, Collection Tovostine S. 66; Ebert, Südrußland S. 166; Minns, Scythians S. 270; Rostovcev, Skythien S. 531.

nach links schreitender Tiere. Voran schreitet ein Eber mit sonderbar geformtem Ohr und Schwanz und geteilter Rückenmähne, ihm folgen zwei Löwen mit geöffnetem Rachen und heraushängender Zunge und einem Skorpionschwanz, der in einem Vogelkopf endet. Die Mähne ist durch Spiralen gegeben, und in Spiralen laufen auch die Gelenke aus. Eigenartig und charakteristisch ist die Stellung des zweiten, den Abschluß bildenden Löwen, der in der Mitte um seine Achse gedreht ist, so daß die hintere Körperhälfte in entgegengesetzter Richtung steht. Dieses Motiv konvulsiver Körperverrenkung ist in der skythischen und sibirischen Tierornamentik sehr beliebt und verschieden angewandt, häufig, wie auch hier, von rein raumfüllender Natur.[1]) Dem Stilcharakter nach gehört auch diese Schwertscheide in das 6. Jh. Jedenfalls liegt kein Grund vor, sie früher als die Kelermes- und Melgunov-Funde anzusetzen, für die die erste Hälfte des 6. Jh. beansprucht wird (Ebert, Südrußland S. 115). Im Gegenteil muß sie eher ihnen zeitlich folgen, da sie schon eine viel engere Verbindung skythischer und vorderasiatischer Züge aufweist. Einzelheiten des skythischen Tierornaments, wie z. B. die durch Spiralen angedeutete Mähne der Löwen und die Spiralendungen der Glieder, die hier bei einer archaisch anmutenden strengen Formgebung der Scheide den Reiz eigentümlicher Phantastik verleihen, sind, ohne eine eigentliche weitere Entwicklung zu erfahren, in den Funden der folgenden Jahrhunderte immer wieder in einer mehr verflauten Art anzutreffen (z. B. bei ähnlichen Darstellungen von Solocha und Kul-Oba). Ein charakteristischer Zug der skythischen wie der sibirischen Tierornamentik ist auch das Enden der Tierschwänze in Vogelköpfen, was bei den Tieren auf der Melgunov- und Kelermes-Scheide, die dieselben skorpionartig gegliederten Schwänze aufweisen, noch nicht der Fall ist, wie ja überhaupt die Darstellungen auf diesen beiden Schwertscheiden sich noch viel strenger an die dem mesopotamischen Kunstkreise entnommenen Formen halten.[2])

Kieseritzky will den Scheidenbeschlag aus dem Ušakovfund in Verbindung mit den sibirischen Goldarbeiten den Massageten zuschreiben, was wenig für sich hat, da der Begriff massagetisch im Sinne eines abgegrenzten und ethnisch bestimmbaren Formenkreises bisher überhaupt nicht faßbar ist, wobei zuzugeben ist, daß der Scheidenbeschlag trotz der genannten typischen Einzelheiten seinem Gesamtcharakter nach aus den russischen Formen herausfällt und bis jetzt allein steht. Seinem Stil nach kann der Scheidenbeschlag unmöglich älter sein als die Schwerter von Kelermes und dem Litoj-Kurgan, die eine starke Anlehnung an assyrische Motive aufweisen, welche hier schon zum Teil im Sinne der südrussischen Tierornamentik umgewandelt sind, vielleicht mit einer gewissen Anlehnung an den ostjonischen Tierstil. Die zeitliche Ansetzung des Stückes von Tallgren in das 7. Jh. v. C. ist hiernach entschieden zu hoch.[3]) Kieseritzky (a. a. O.) und Minns[4]) beanspruchen es für das 6. Jh., was vieles für sich hat. Ich möchte es an das Ende des 6. Jh. rücken und stilgeschichtlich zwischen die oben genannten orientalisierenden Schwerter und die schon im reinen südrussischen Tierstil gehaltene

[1]) Vgl. darüber S. Reinach, La représentation du galop² 1925.

[2]) Bei den Stilbestimmungen des vorderasiatischen Kunstkreises bin ich gezwungen, mich auf die sehr weiten Begriffe wie mesopotamisch, assyrisch-persisch, kleinasiatisch-jonisch, sibirisch u. a. zu beschränken. Eine genauere stilistische Analyse mit engeren Abgrenzungen und Hinweisen auf konkrete Beispiele wäre wünschenswert und auch für Datierungsfragen nicht ohne Wichtigkeit, würde aber hier zu weit führen und der vielen noch lange nicht genügend geklärten Fragen wegen auf diesem Gebiete selbst einem Fachmann Schwierigkeiten bereiten. Andererseits sind Stilfragen gerade bei den südrussischen Sachen, bei denen ein stark konservativer Zug vorherrscht, äußerst schwierig; auch fehlt es hier fast gänzlich an Vorarbeiten auf diesem Gebiet.

[3]) Tallgren, Collection Tovostine S. 66.

[4]) Minns, Scythians S. 270.

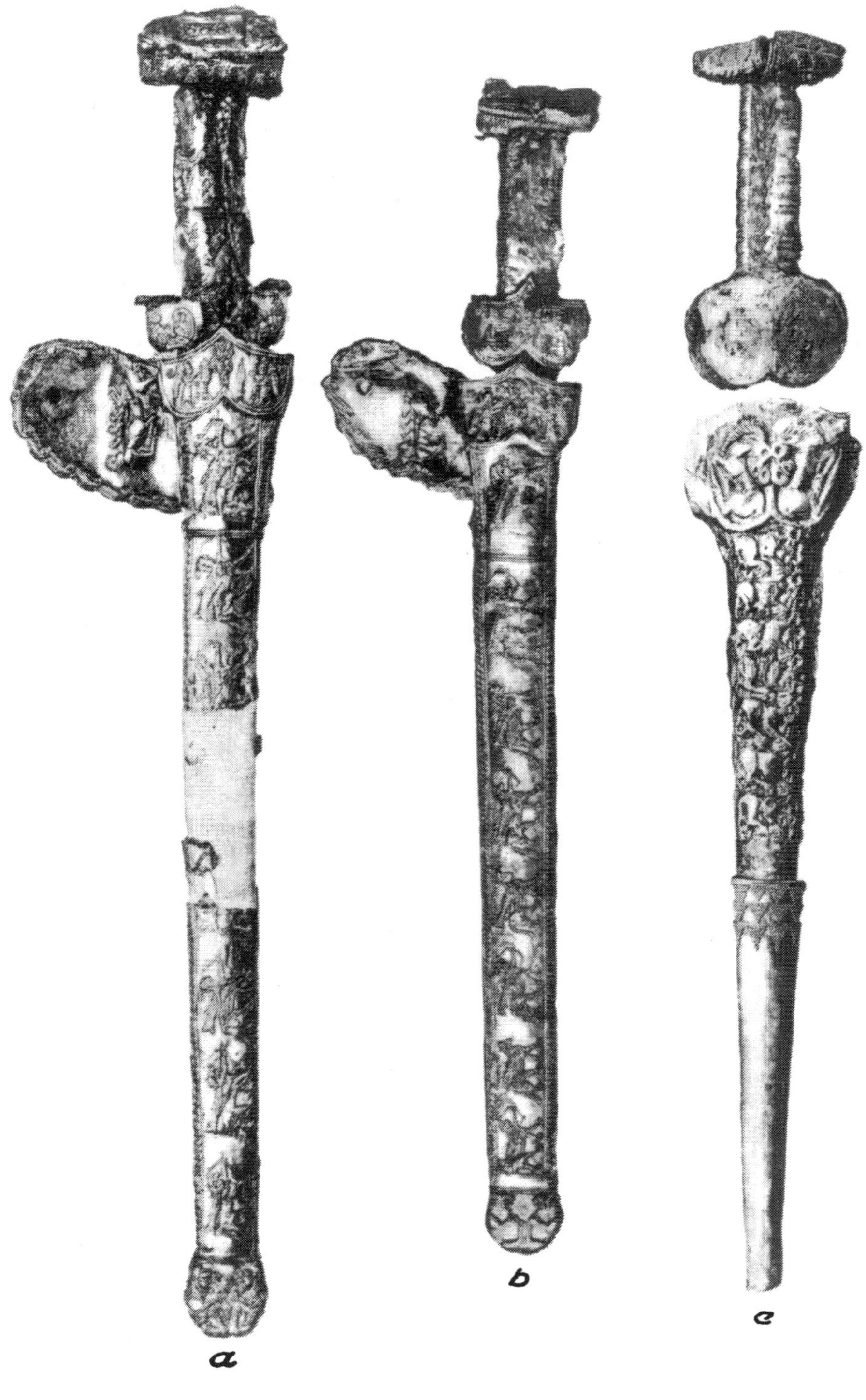


Archaische Kurzschwerter: a. Litoj-Kurgan. Nach Materialy 31 (1911) Tf. I. — b. Kelermes, Kubangebiet. Nach P. K. Stepanov, Geschichte der russischen Tracht (russ.) I (1916) Abb. 17. — c. Šumejko, Kr. Romny, Gouv. Poltava. Nach Chanenko, Collection III Tf. XLV Nr. 461.

Schwertscheide von Šumejko setzen (Tf. 3 c), welche zusammen mit den Schwertern von Vettersfelde und Tomakovka (Tf. 4 a—c, 5) der Wende des 6. zum 5. Jh. angehört. Rostovcev hält das Schwert für jünger als das aus Vettersfelde und will es in das 5.—4. Jh. v. C. setzen, wobei er sich u. a. auf Grabritus und Grabform des Ušakovschen Kurganes beruft, die denen der übrigen aufgedeckten Kurgane um Jelisavetovka gleich sind, wobei keiner von ihnen älter ist als das 4. Jh. v. C.[1]) Die Datierung von Rostovcev ist aber entschieden zu niedrig. Der Grabritus des Kurgans ist dabei nicht ausschlaggebend, da Kurgane von ähnlicher Form und Ritus aus verschiedener Zeit bekannt sind.

Ein Kurzschwert der archaischen Periode von sehr eigenartigem Gepräge stammt aus dem Poltava-Gebiet und ist besonders wichtig, weil die Fundumstände bekannt sind und der Fund datiert ist. Im Romenschen Kreise, auf dem rechten Ufer der Susla beim Hutor (Bauernhof) Šumejko, wurde von Masaraki 1899 ein Kurgan ausgegraben. Bei dem Skelett befand sich an der rechten Seite in der Höhe des Beckens ein Kurzschwert mit goldbelegtem Griff und Scheide, verhältnismäßig gut erhalten (Tf. 3 c)[2]). Die Form des Schwertgriffes ist schlanker, steht aber den Schwertgriffen von Kelermes und Melgunov sehr nahe. Die Verzierung, die Scheide und auch die nicht erhaltene, aber in der Form feststellbare Klinge weisen ganz neue Züge auf. Der Griffknauf hat dieselbe Form eines profilierten Querstabes, während die Griffstange sehr schmal ist und darum den Knauf und den wiederum herzförmigen Griffabschluß stärker hervortreten läßt.

Der Griff ist mit Gold umkleidet und die Verzierung so angelegt, daß auf der Griffstange in der Mitte, der Länge nach, eine flache Zone ausgespart ist, die mit auf der Spitze stehenden, übereinander gereihten kleinen Dreiecken in feiner Granulation verziert ist. Die gewölbten Seiten sind quer geriefelt, wohl damit der Griff fester in der Hand ruht. Der unten herzförmig ausgeschnittene Griffabschluß ist von beinahe rundem Umriß und unverziert, was natürlich ist, da er ja für gewöhnlich in der Scheide ruhte und nicht sichtbar war. Die Schwertscheide ist, mit Ausnahme des breiten Oberteils, verhältnismäßig schmal und läuft, sich von oben gleichmäßig verjüngend, fast spitz aus. Sie besteht aus 2 Teilen: dem oberen, mit gestanztem Goldblech bekleideten eigentlichen Scheidenteil und einem aus einer massiven Goldröhre bestehenden, ortbandförmigen langen Schlußstück. Dieses Ortband ist am oberen Rand analog dem Schwertgriff mit in Granulation ausgeführten, in drei Reihen aneinandergefügten Dreiecken verziert. Ganz anders stilistisch, im scharfen Gegensatz zu dem Griff und dem Ortband stehend, ist die Verzierung der oberen Scheidenhälfte. Den oberen herzförmigen Teil füllen, ähnlich wie beim Griff des Melgunov-Schwertes, zwei ruhende Steinböcke mit zurückgewandtem Kopf, aber nicht wie dort heraldisch um einen Mittelpunkt gruppiert, sondern, zwar auch symmetrisch, doch in einer willkürlich anmutenden Weise, Rücken an Rücken, in den für sie engen Raum hineingezwängt. Die Scheidenbahn füllen, senkrecht übereinander angeordnet, sieben nicht bestimmbare, vielleicht pantherähnliche Tiere. Der auch hier zu erwartende Scheidenansatz für die Tragöse fehlt, ist aber bloß verloren gegangen, wie es die Nietlöcher am Rand des Oberteils der Scheide zeigen.[3])

Der Stil dieses Beispieles früher skythischer Tierornamentik ist ein ganz anderer als der sich den vorderasiatisch-assyrischen Formen eng anschließende der bisher

---

[1]) Vgl. Rostovcev, Skythien S. 531f.

[2]) Vgl. den Auszug aus dem Ausgrabungsbericht von Masaraki, Chanenko, Collection VI in der Einleitung, Abb. ebd. Bd. III, Tf. XLV 461; Minns, Scythians S. 71; Rostovcev, Skythien S. 507.

[3]) Die Kontur des Scheidenansatzes auf Tf. 6 b ist nach der Scheide von Vettersfelde (Tf. 5 b) ergänzt.

erwähnten Stücke und bietet ein Beispiel der Richtung in der südrussischen Tierornamentik, deren barbarisch anmutende Formen und wenig sorgfältige Ausführung Arbeiten einheimischer, nicht griechisch geschulter Meister zugeschrieben werden. Über den sonderbaren Widerspruch zwischen dem Tierornament der Scheide und der eine ganz andere Formauffasssung äußernden Verzierung des Ortbandes und des Schwertgriffes werde ich noch in anderem Zusammenhange zu sprechen haben.

Das Grab, in dem auch für den skythischen Tierstil interessante, mit Tierköpfen verzierte Trensenstangen aus Knochen gefunden wurden, wird durch ein schwarzfiguriges Vasenfragment in das 6. Jh. v. C. datiert (Rostovcev, Iranians S. 51).

Mit diesen vier besprochenen Stücken ist die Zahl der bisher bekannten ältesten, sicher in die Zeit vor dem 5. Jh. zu setzenden skythischen Kurzschwerter erschöpft, und wir wenden uns einer Gruppe von Schwertern zu, die in die Zeit um die Wende des 6. und in den Anfang des 5. Jh. fällt. Dem Typus nach gehört hierher auch das zeitlich ältere Schwert von Šumejko. Es handelt sich um drei Schwerter, die, in zwei voneinander weit entfernten Gebieten gefunden, eine Reihe gemeinsamer Züge aufweisen, und die, abgesehen von ihrer formalen und kunsthistorischen Bedeutung, auch über einige Fragen konstruktiver Art Auskunft geben. Hierher gehört an erster Stelle das aus dem bekannten Funde von Vettersfelde im nördlichen Deutschland stammende Schwert, dann der im Zusammenhang mit dem ersteren immer erwähnte „Dolch" aus der sog. Ostraja-Mogila („Spitzes Grab") im Dnjeprgebiet und das weniger anspruchsvolle Schwert aus dem Zolotoj-Kurgan in der Krim, das durch die an ihm gemachten Beobachtungen für die Deutung der beiden andern von Wichtigkeit ist. In der Nähe von Simferopol wurde von Veselovskij[1]) ein Zolotoj-Kurgan (Gold-Kurgan) genannter Grabhügel geöffnet und dabei auch in anderer Beziehung interessante Funde gemacht. Hier lag an der rechten Seite des Skelettes ein kurzes, zweischneidiges Schwert in der Weise, daß das Ende des Schwertes sich zwischen den Füßen des Bestatteten befand. Das Schwert war nur in Bruchstücken erhalten, von der Form des Griffes war nichts mehr zu erkennen, als daß er mit Eisenringen umfaßt war und der Belag wohl aus vergänglichem Material bestanden haben muß. Von der Scheide war nur der untere goldene Schlußstückbelag erhalten. Dieses unten abgerundete, ziemlich kurze Ortband aus Goldblech (Tf. 4 d) bedeckte die Vorderseite des Scheiden-Endes, nach hinten griffen nur die umgebogenen Ränder herüber, auf denen unten ein halbmondförmiges Stück Goldblech aufgelötet war. Der Rand des Schlußstückes ist mit aufgelöteten Golddrahtornamenten verziert. Der äußere Rand ist mit einem aus einfachem und geflochtenem Draht gebildeten, schmalen Streifen bedeckt, worunter ein schleifenartiges Muster angebracht ist. Jede der Schleifen endet unten spitz mit einem Goldkörnchen. Bei der Ausgrabung waren auch noch Spuren von ganz vergangenem Email zu bemerken.

Ein genaues Gegenstück, nur größer und reicher in der Verzierung, haben wir in der sog. Dolchscheide aus dem Ostraja-Mogila genannten Kurgan beim Dorfe Tomakovka, am Flüßchen desselben Namens im Gouv. Jekaterinoslav.[2]) Diese „Dolchscheide" ist, worauf schon die Beobachtungen an der Schwertscheide des Zolotoj-Kurgan hinweisen, ebenfalls ein 4,5 cm breites und 27,5 cm langes Beschlagstück der unteren Hälfte einer Schwertscheide (Tf. 4 a—c). Es endet unten abgerundet und ist am oberen Rand mit in Filigran und Granulation ausgeführten

---

[1]) Veselovskij, Otčet 1890, 4ff. Ausführlicher Auszug aus dem handschriftlichen Grabungsbericht bei Rostovcev, Materialy 37 (1918) S. 40, Abb. 27; ders., Skythien S. 397ff.

[2]) Antiquités de la Scythie II S. 62ff., Atlas Tf. XXVI; Rostovcev, Materialy 37 (1918) S. 38ff.; ders., Skythien S. 407ff.; Furtwängler, Kleine Schriften II (1912); Minns, Scythians S. 71, 158.

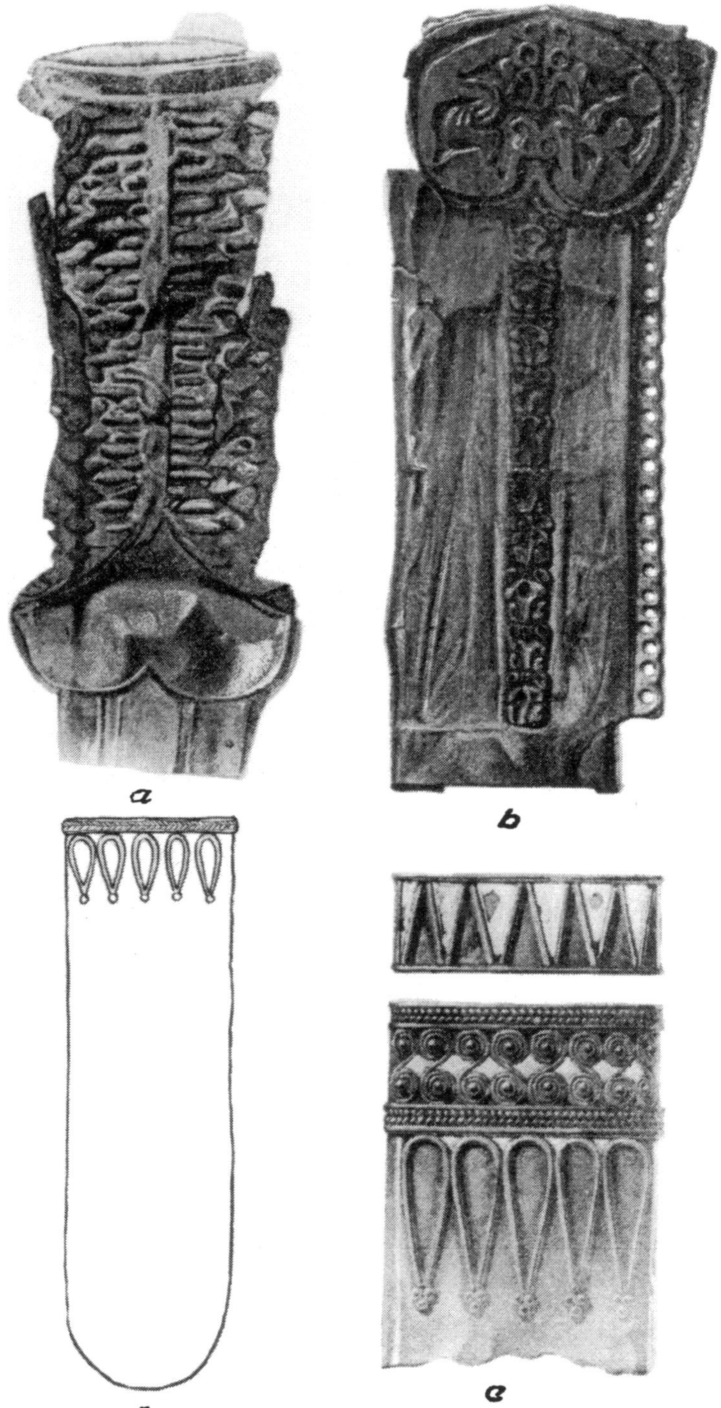

a—c. Ostraja Mogila („Spitzes Grab") beim Dorfe Tomakovka, Gouv. Jekaterinoslav: a. Goldbelag des Akinakesgriffes. L. 13,5 cm. — b. Goldbelag der oberen Scheidenhälfte. L. 14,7 cm. — c. Goldenes Ortband. Nach Antiquités de la Scythie Atlas Tf. XXVI. d. Goldenes Ortband eines Akinakes aus dem Zolotoj-Kurgan („Gold-Kurgan") bei Simferopol. Nach Materialy 37 (1918) Abb. 27.

Ornamenten im Verein mit Emaileinlagen verziert. Aus Flechtdraht bestehende Streifen rahmen hier ein Band ein, das aus aneinandergereihten, stehenden, S-förmigen Doppelspiralen besteht. Die Mitte jeder Spirale ziert ein Goldkügelchen, und die rautenförmigen Felder zwischen den Spiralen sind mit blauem Email gefüllt. Unter diesem Zierband sind wieder die schon von dem gleichartigen oben genannten Stück bekannten Drahtschleifen angebracht, die sich hierbei an den Berührungsstellen bildenden oberen dreieckigen Zwischenfelder sind ebenfalls mit Email versehen. Unten enden sie mit je 3 dreieckförmig angeordneten Goldkügelchen. Auf der Rückseite des Ortbandes befindet sich in der Mitte ein der Länge nach durchgehender 2,5 cm breiter Ausschnitt, dessen Ränder durchlocht sind. Hier war es also auf der vermutlich ledernen Schwertscheide befestigt. Das ganze Stück ist von äußerst feiner Ausführung. Die näheren Umstände sind, da der Fund zufällig von einem Bauern des Dorfes gehoben wurde, leider nicht bekannt.

Zu diesem Funde gehören noch einige Goldsachen, die mit dem eben beschriebenen Ortband zusammen eingeliefert wurden, und an deren Zusammengehörigkeit zu zweifeln kein Grund vorliegt. Darunter befinden sich nun 3 Goldbeschläge, die man bei näherer Betrachtung unbedingt als zu einem Schwert gehörig anerkennen und mit dem schon erwähnten unteren Scheidenstück in Beziehung bringen muß. Das eine dieser beschädigten und stark verbeulten dünnen Goldbleche (Tf. 4 a) hat deutlich die Form eines Schwertgriffes der Art, wie wir ihn z. B. beim Kurzschwert von Šumejko fanden. Die Knaufform ist nicht mehr gut erkennbar, scheint aber oval gewesen zu sein, ebenso wurde die Griffstange durch einen hier schmalen, glatten Streifen der Länge nach in zwei Hälften geteilt. Die Art des Ornaments ist bei dem jetzigen verbeulten Zustand des Beschlages schwer zu erkennen, wird aber wohl konstruktiver Natur sein. Bei den Schwertern mit herzförmigem Griffabschluß scheint nämlich ursprünglich der Griff durch zwei starke tordierte oder geriefelte Griffzungen gebildet gewesen zu sein, die oben durch einen den Knauf bildenden Quersteg verbunden sind. Der Spalt zwischen beiden Griffzungen ist gewöhnlich mit anderem Material (Holz) gefüllt zu denken oder auch durchbrochen gegliedert (z. B. Tf. 12 b, c). Diese Art der Griffbildung ist häufig bei den gleichen Formen der sibirischen Dolche. In Südrußland bietet das Kurzschwert von Ismailov ein gutes Beispiel solcher Griffgestaltung (Tf. 12 b). Bei der überwiegenden Mehrzahl der südrussischen Schwerter hat sich diese Art der Griffgestaltung rein dekorativ in der charakteristischen Gliederung der Griffstange der Länge nach in drei Zonen erhalten. Der mittlere Streifen, häufig etwas vertieft, trägt dann gewöhnlich die Verzierung, während die äußeren nur geriefelt sind (vgl. z. B. Šumejko Tf. 3 c).

Diese Griffart haben wir uns auch beim Schwert von T o m a k o v k a zu denken, indem der verbeulte Goldbelag die scheinbar unregelmäßige Riefelung oder plastische Gliederung der beiden äußeren Zonen bzw. Griffzungen wiedergibt. Der Griffabschluß hat auch wieder die Herzform ohne Verzierung; unter ihm setzt sich der Goldbeschlag noch etwas auf die Klinge fort und hat hier zwei Längsfurchen, die wohl als Profilierung der nicht erhaltenen Klinge durch Blutrillen zu deuten sind. Interessanter ist der zweite Goldbeschlag (Tf. 4 b). Er hat die Form eines länglichen Vierecks von 14,7 cm Länge und 5 cm Breite, dessen Seiten am oberen Teil etwas ausladen; eine davon ist mit einem durchlochten Rand versehen. Am unteren Ende in 1 cm Höhe sind beide Ränder eingeschnitten und nach hinten herumgebogen. Das Ganze ist mit gestanzten Darstellungen geschmückt. Im oberen herzförmig umrahmten Teil befinden sich, sehr geschickt in den Raum hineingezwängt, in ganz symmetrischer Anordnung, kauernd, zwei nicht näher bestimmbare pantherähnliche Raubtiere mit weit geöffnetem Rachen und Schwänzen, die in Vogelköpfe enden. Unter diesem Teil geht durch die Mitte des Beschlages ein

Streifen, bestehend aus einzeln gearbeiteten, in Goldblech gestanzten und übereinander aufgelöteten Raubtierköpfen. Unten, 1 cm vom Rand, hört der Zierstreifen auf.

Man braucht dieses Goldblech nur mit der oberen Hälfte des Scheidenbelages des Schwertes von Šumejko (Tf. 3 c) zu vergleichen, um sich über seine Bestimmung klar zu sein. Das Stück hat denselben herzförmigen Oberteil der Scheide mit einer im Prinzip verblüffend ähnlichen Art der Raumfüllung durch zwei Tiere. Dort zwei Steinböcke mit nach hinten gewandten Köpfen, Rücken an Rücken, hier eine glücklichere Lösung der Aufgabe, durch zwei fast zusammengerollte Tiere, die mit der Vorderseite zusammenstoßen. In beiden Fällen folgen darunter übereinander gereihte, sich wiederholende Motive von Tieren dort und Raubtierköpfen hier. Bei der schmalen, sich stark verjüngenden Scheide aus Šumejko die ganze Bahn bedeckend, hier zurückhaltender einen schmalen Streifen bildend. Damit haben wir auch die Erklärung des einen durchlochten Randes: hier war der ebenso wie bei der Scheide aus Šumejko verloren gegangene seitliche Scheidenansatz für die Tragöse befestigt, wie wir ihn am Melgunov-Schwerte haben. Es handelt sich also zweifellos auch hier bei diesem Stück um die Goldbekleidung des oberen Teiles einer Schwertscheide.

In Verbindung mit diesen Stücken steht ebenfalls ein 1,5 cm breites, verziertes Goldband (Tf. 4 c), das zu einem sehr schmalen ovalen Ring zusammengebogen ist, und dessen Enden auf der Rückseite zusammengelötet sind. Den oberen und unteren Rand zieren zwei aufgelötete Golddrähte. In dieser Umrahmung befinden sich auch aus Golddraht gebildete Dreiecke, die abwechselnd mit blauem Email gefüllt sind. Es ist eine dem Ortband sehr ähnliche Verzierung. Die Bedeutung dieser Zierstücke, die durch Analogien aufgeklärt ist, sowie die Tatsache, daß alle aus einem Funde stammen, legen es nahe, sie untereinander in Verbindung zu bringen. Es sind hier vertreten: der untere ortbandähnliche Teil einer Schwertscheide (Tf. 4 c), ein Scheidenbelag des oberen Scheidenteiles (Tf. 4 b) und die Bekleidung eines Schwertgriffes (Tf. 4 a). Alle zur Rekonstruktion eines Schwertes ähnlich dem von Šumejko notwendigen Teile sind vorhanden. Ihre Zugehörigkeit zu einem Kurzschwert wird nun noch durch die vortrefflich zueinander passenden Größenverhältnisse der einzelnen Stücke über alle Zweifel erhoben. Neu hinzugekommen ist der mit den Emaildreiecken verzierte Ring, für dessen Bedeutung mir keine Analogien aus Funden bekannt sind. Da er aber in der Verzierung und auch der Größe nach genau zu dem unteren Scheidenteil paßt, so muß auch er zum Schwerte gehören. Die einzige Möglichkeit, ihn unterzubringen, besteht darin, daß man ihn an den oberen Rand des Ortbandes setzt, so daß er die Verbindungsstelle zwischen Ortband und oberem Scheidenbeschlag bedeckt. Dazu paßt auch ausgezeichnet das untere Ende des letzteren, das sicher bedeckt gewesen ist, da der Zierstreifen einen 1 cm breiten Rand freiläßt.

Das Resultat unserer Wiederherstellung ergibt ein Kurzschwert von etwa 50 cm Länge (Tf. 6 c), das dem Charakter nach dem Schwert von Šumejko sehr verwandt ist und alle Eigentümlichkeiten der skythischen Kurzschwerter mit ihm gemein hat.[1])

---

[1]) Nicht überzeugend ist die von Rostovcev vorgeschlagene Ergänzung. Trotzdem er auf die Bedeutung der unteren Scheidenteile als Ortbänder hinweist, sieht er in dem Ortband von Tomakovka, wohl der ungewöhnlichen Länge wegen, eine selbständige Dolchscheide. Die beiden anderen Beschläge ergänzt er in der Weise, daß er den Scheidenbeschlag (Tf. 4 c) so umdreht, daß der herzförmige Teil den unteren Abschluß bildet. Der Ring (Tf. 4 c) wird dann oben angesetzt und bildet den Scheidenmund, der so durchaus nicht zu dem herzförmigen Abschluß des Schwertgriffes paßt. Auch ihm fällt es auf, daß die Tierverzierung der Scheide hierbei auf den Kopf zu stehen kommt (vgl. Rostovcev, Materialy 37 [1918] S. 38).

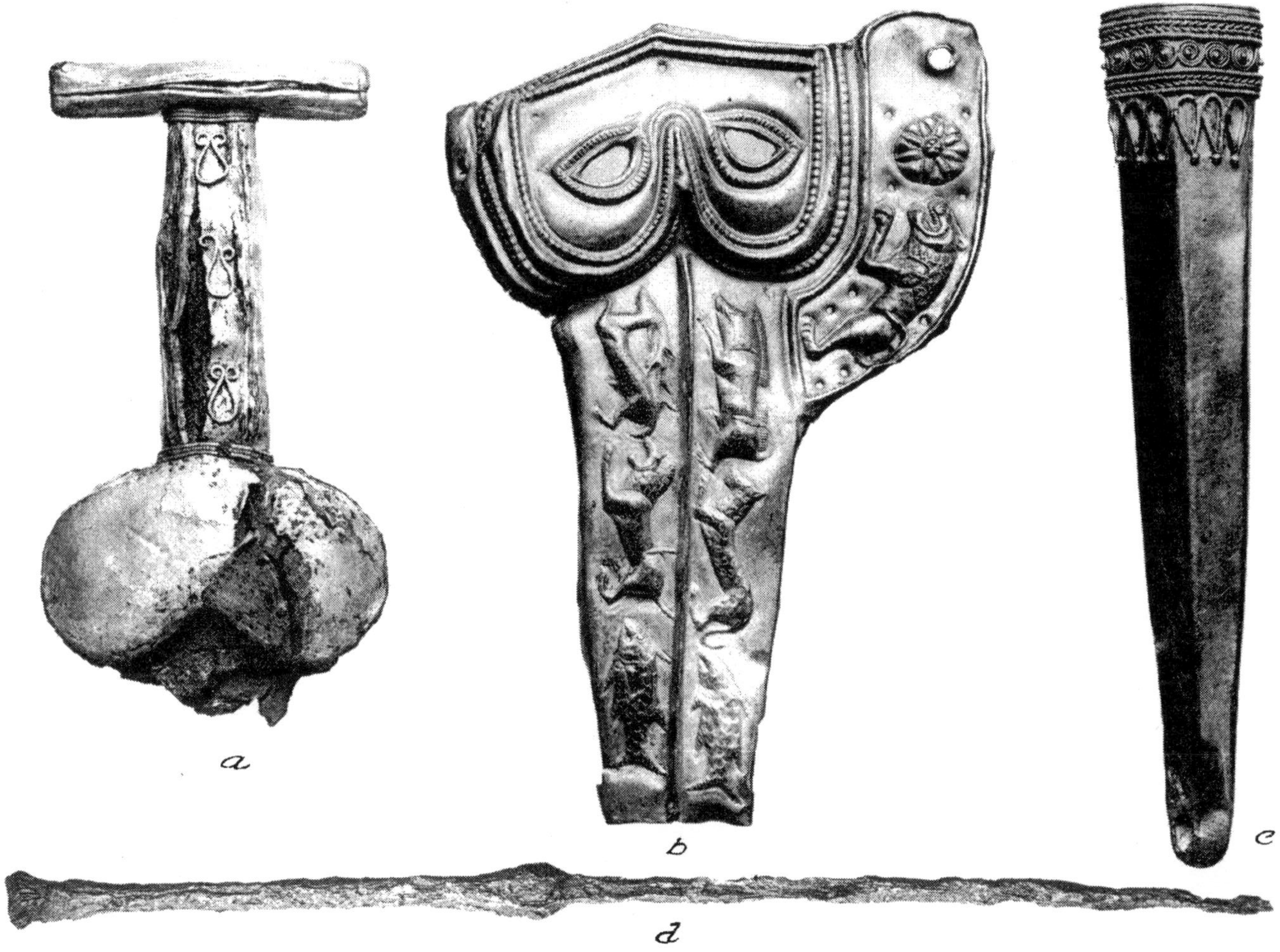


Akinakes aus dem sog. Goldfund von Vettersfelde, unweit Guben (Mark Brandenburg): a. Griff mit Goldbelag und aufgelöteten Verzierungen aus Golddraht. Gesamtlänge 15 cm, L. der Griffstange 8 cm, der Knaufstange 7,2 cm. — b. Goldbelag der oberen Scheidenhälfte. L. 19 cm. — c. Ortband aus starkem Goldblech mit Filigranverzierung am oberen Rand. L. 19,9 cm. d. Rest der verrosteten Klinge. L. 29 cm. Nach Photographien.

Nur die Form der Schwertklingen und darum auch der Scheiden war bei beiden Schwertern eine andere. Das Schwert von Šumejko hatte eine gleich vom Ansatz oben sich stark und gleichmäßig verjüngende, in eine lang ausgezogene Spitze endende Klinge. Die etwa 40 cm lange Klinge des anderen Schwertes hat parallel verlaufende Seiten und eine kurze Spitze gehabt. Ungewöhnlich wirkt hier das im Verhältnis zur oberen Hälfte der Scheide sehr lange Ortband, was beim Schwert von Šumejko der gefälligeren allgemeinen Form wegen nicht auffällt.

Beim Schwert von Tomakovka ist noch der charakteristische Zug zu bemerken, daß die Goldbekleidung der Schwertscheide nur für die eine Vorderseite vorhanden ist. Die Rückseite hat eine solche nie gehabt, was daraus zu ersehen ist, daß das Ortband hier, wie beim Schwert aus dem Zolotoj-Kurgan, auch nur für die Vorderseite berechnet ist. Die Rückseite zeigt bloß die mit Nietlöchern für die Befestigung versehenen Ränder. Was den allgemeinen Eindruck, den das Schwert macht, anbetrifft, so ist hier das vom Schwert von Šumejko Gesagte zu wiederholen. Das lange, verzierte Ortband steht seinem Stilcharakter nach in schwer zu vereinbarendem Widerspruch zu der aus einer gänzlich verschiedenen Formenwelt stammenden Tierornamentik des Scheidenbeschlages, dem sich in diesem Fall auch der Schwertgriff anschließt.

Diesen aus Südrußland stammenden Schwertern von Šumejko, Tomakovka und dem Zolotoj-Kurgan steht außerordentlich nahe ein Kurzschwert aus dem allgemein bekannten sog. Goldfund von Vettersfelde, der in Deutschland im Jahre 1882 beim Dorfe Vettersfelde, südöstlich von der Kreisstadt Guben, in der Mark Brandenburg, gemacht wurde. Der ganze Fund, soweit es gelang, ihn damals zusammenzubringen, befindet sich im Antiquarium zu Berlin.[1]) Unter den 28 geborgenen Stücken des Fundes befinden sich 3, die, ganz entsprechend den Goldbeschlägen von Tomakovka, zu einem ähnlichen Kurzschwert gehören. Der ziemlich gut erhaltene, mit Goldblech umkleidete Schwertgriff (Tf. 5 a) hat die schon von Šumejko bekannte Form. Nur der Knauf ist hier zu einer Art Querstange umgebildet. Der dünne Griff ist auf beiden Seiten in der Mitte mit 4 übereinander aufgelöteten, aus Golddraht ösenförmig gebogenen Zierraten versehen (jetzt sind nur 3 erhalten). Der herzförmige Griffabschluß ist unverziert und hat unten noch Eisenreste der Klinge.

Vortrefflich erhalten hat sich dagegen der obere 19 cm lange Beschlag der Scheide (größte Breite 13 cm), der die sich nach unten stark verjüngende Form der Scheide von Šumejko hat (Tf. 5 b). Der dort fehlende seitliche Scheidenansatz ist hier mit dem Belag aus einem Stück gearbeitet. Die reiche getriebene Verzierung hat am oberen Teil wieder die dem Griffabschluß entsprechende, durch geriefelte Rippen umrahmte Herzform. Sie ist mit zwei Augen verziert, deren Inneres im Goldblech ausgeschnitten ist und wohl mit einer Einlage bzw. Unterlage gefüllt war. Den seitlichen Ösenansatz schmückt unterhalb des Loches für die Tragschnur eine rosettenähnliche Blüte und darunter ein laufender Löwe. Der lange, sich verjüngende Teil der Scheidenbahn ist in der Mitte der Länge nach durch eine Rippe, der wohl ein Grat der Schwertklinge entsprochen haben wird, in zwei Felder geteilt, die mit Tierdarstellungen geschmückt sind. Die obere Reihe bildet ein von einem Panther verfolgter Eber mit geteilter Mähne, denen sich ein Fisch, den Abschluß

---

[1]) Furtwängler, Der Goldfund von Vettersfelde. 43. Berliner Winkelmanns-Programm 1883; ders., Kleine Schriften II (1912). Der Charakter des Fundes ist nicht geklärt und die Frage, ob er ein Grab-, Siedlungs- oder Depotfund ist, nicht mit Sicherheit zu entscheiden. Bemerkenswert ist jedenfalls der einheitliche Charakter des Fundes, der in seiner Gesamtheit ebensogut in einem Kurgan Südrußlands gemacht sein könnte. Neuerdings will Schuchhardt in ihm einen Siedlungsfund sehen, vgl. Schuchhardt, Arkona, Rethra, Vineta. Berlin 1926 S. 97.

bildend, anschließt. Unten verfolgt ein Löwe einen Hirsch, und hinter ihnen ist wieder der Fisch, wie in der oberen Reihe. Die beiden Ränder des Beschlages sind stark umgebogen. Am unteren Ende ist in den umgebogenen Rändern je ein 1,8 cm langer rechteckiger Ausschnitt gemacht (der untere zerstört, aber zu erkennen, der obere gut erhalten). Auf dem oberen breiten Teil des Beschlages befinden sich an den Rändern 13 kleine Löcher, die von der Befestigung auf der Unterlage herrühren müssen.

Das bisher für eine Dolchscheide gehaltene 19,9 cm lange dritte Stück (Tf. 5 c) bildet in Analogie mit den gleichen Scheidenteilen bei den oben genannten Schwertern das Ortband der Schwertscheide.[1]) Es hat eine nach unten in einer abgerundeten Spitze auslaufende Form mit dachförmigen, sich wohl der Klinge anpassenden Seiten. Der obere Rand ist verziert mit aufgelötetem Schmuck aus geflochtenem und geperltem Golddraht, dazwischen ein Streifen mit S-förmigen liegenden Doppelspiralen. Unter dem Verzierungsband befindet sich wieder eine Reihe aufgelöteter schleifenförmiger Zierrate. Diese Verzierungen laufen nicht um den ganzen Rand herum, sondern sind auf der Rückseite in der Mitte unterbrochen, und hier sind am Rand zwei runde Löcher angebracht, die wohl der Befestigung dienten.[2])

Die Rekonstruktion des Schwertes durch Aneinanderfügung der beiden Scheidenteile bildet zusammen mit dem Griff ein Schwert von nahezu 50 cm Länge. Von der Klinge hat sich nur eine vom Rost entstellte 29 cm lange Eisenstange erhalten (Tf. 5 d). Man kann die Klinge, die eine Länge von etwa 35 cm gehabt haben muß, nach der Form der Scheide ergänzen. Sie hatte eine gleich von oben sich stark verjüngende Form mit starkem Mittelgrat und dachförmig gebildeten Seiten.

Der allgemeinen Form nach ist das Schwert dem von Šumejko nahe verwandt. Es hat dieselbe Griffart mit herzförmigem Abschluß, die nur beim Knauf hier etwas verändert ist, denselben Aufbau der Scheide bzw. ihrer Metallumkleidung aus 2 Teilen, einen unteren massiveren und eine aus gestanztem Goldblech bestehende Auflage der oberen Scheidenhälfte. Der Scheidenmund ist ebenfalls herzförmig, und der seitliche Scheidenansatz, der hier mit dem Scheidenbelag ein Stück bildet, war dort angenietet und ist verloren gegangen, aber von ähnlicher Form zu denken wie dieser. Beide Schwerter haben auch die gleiche Art und Verteilung der Verzierung: die auf Griff und Ortband beschränkten, in Granulation und Filigran ausgeführten rein geometrischen Ornamente und die gestanzte Tierornamentik der oberen Scheidenhälfte. Dasselbe finden wir auch bei der Schwertscheide von Tomakovka, nur hat hier der Scheidenabschluß, der in der Verzierung mit dem von Vettersfelde fast übereinstimmt, eine abweichende Form, der eine andere Klingenform zugrunde liegen muß. Betrachtet man nun alle 3 genannten Schwerter nebeneinander, so fällt das Urteil zweifellos zugunsten des Vettersfelder Stückes aus. Bei ihm sind die Verhältnisse der einzelnen Teile einwandfreier abgewogen und in der Form markanter ausgebildet, wobei der Charakter des ganzen ein einheitlicher ist, während bei den anderen gerade das Gegenteil auffällt. Diese Abgeschlossen-

---

[1]) Furtwängler, a. a. O., konnte seinerzeit schwer auf die richtige Deutung der Schwertscheide verfallen, da ihm zum Vergleich nur das seiner Länge wegen ebenfalls falsch gedeutete Ortband von Tomakovka und die im Verhältnis zum Schwertgriff sehr kurzen Scheiden auf den Reliefs in Persepolis zur Verfügung standen. Seitdem ist die Frage immer als gelöst betrachtet worden. Die Scheiden aus dem Kul-Oba und von Čertomlyk gehören einem anderen Typus an und konnten zur Aufklärung des Sachverhaltes nicht beitragen.

[2]) Unter den verloren gegangenen Stücken des Fundes befand sich ein „Goldring" mit länglichem, fast eckigem Querdurchschnitt, der der Beschreibung nach möglicherweise ein Gegenstück des ähnlichen, bei der Ergänzung der Schwertscheide von Tomakovka zwischen beiden Scheidenteilen angebrachten, mit Email verzierten Ringes (Tf. 4 c) sein kann. Vgl. Ztschr. f. Ethnol. Verhandl. 16 (1884) S. 14, Abb. 3.

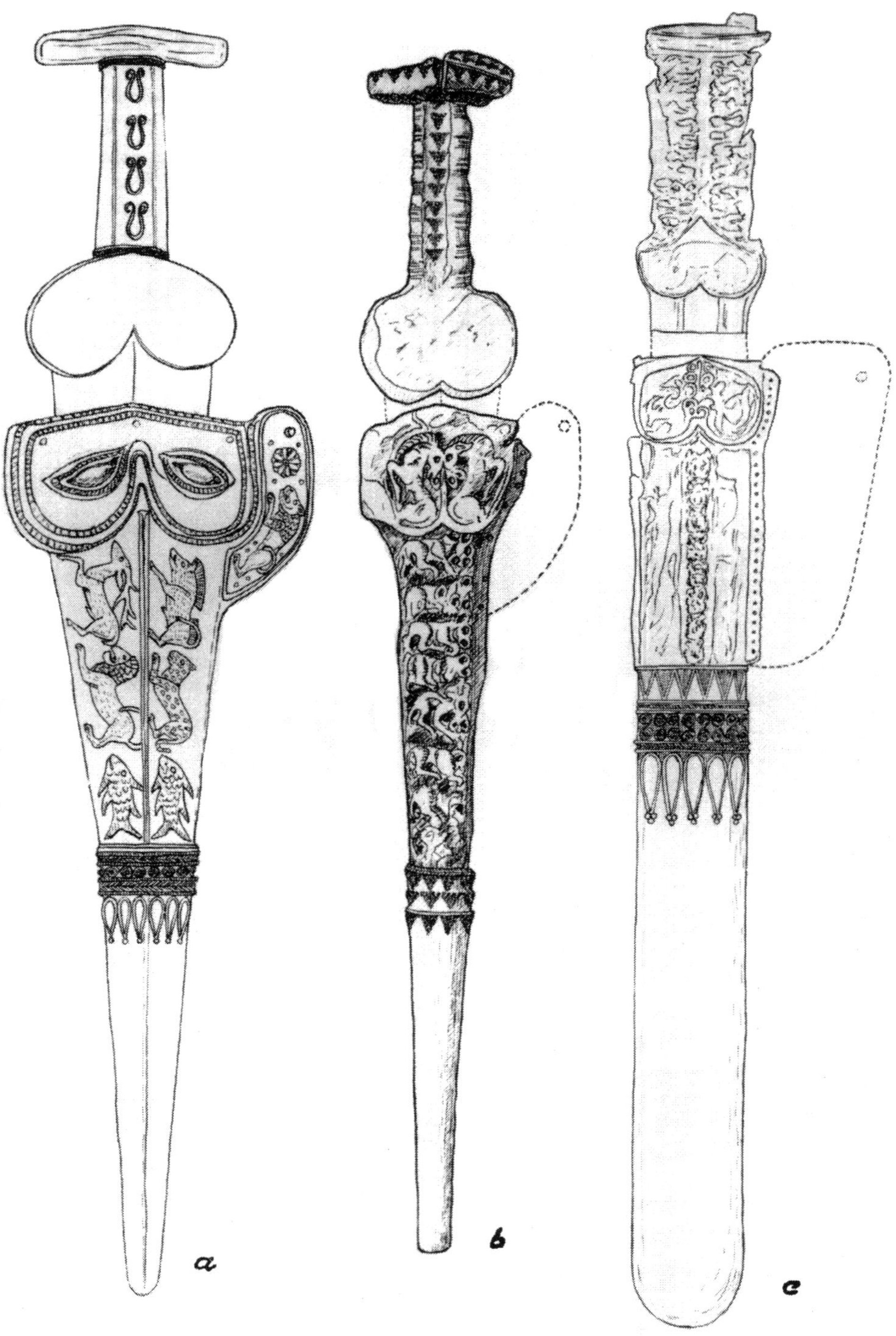


Wiederherstellung der archaischen Kurzschwerter von Vettersfelde (a), Šumejko (b) und Tomakovka (c).

heit der Form ist in dem einheitlichen Stilcharakter des ganzen begründet, dessen archaisch-jonische Herkunft, trotz der nicht griechischen Form des Schwertes, seit Furtwänglers mustergültiger Bearbeitung des Fundes von niemand angezweifelt worden ist.[1])

Zeitlich ist das Schwert um die Wende des 6. oder ganz an den Anfang des 5. Jh. zu setzen. Einzelnes, wie die Typen der Filigranverzierung, ist auch bei den späteren griechischen Arbeiten häufig, aber die altertümlichen Züge der Tierfriese sprechen für eine frühe Zeit. Durch die Vettersfelder Sachen werden auch die aus dem Zolotoj-Kurgan und von Tomakovka datiert. Der einheitlichen Arbeit des Schwertes von Vettersfelde steht nun die schwer zu deutende Verschiedenheit des Stils der einzelnen Teile der Schwerter von Tomakovka und Šumejko gegenüber. Es ist klar, daß, wenn das filigranverzierte Ortband von Vettersfelde als eine sicher griechische Arbeit angesehen wird, die sich bloß einer fremden Gebrauchsform anpaßte, woran nicht zu zweifeln ist, so sind das auch die entsprechenden, genau denselben Charakter tragenden Teile der Schwerter aus den südrussischen Funden.

Zweifellos nicht griechisch sind aber die oberen Scheidenbeschläge der beiden ersten Schwerter, die, wie wir später sehen werden, eine ausgesprochen südrussisch-skythische Tierornamentik aufweisen.

Wie kommen nun die genannten Schwerter zu dieser grundverschiedenen Verzierung an demselben Stück? Die einzig mögliche Erklärung dieser Erscheinung liegt in der Annahme, daß die Schwerter sozusagen durch zwei verschiedene Werkstätten gegangen sind, bis sie ihre jetzige Gestalt erhielten. Sie sind ursprünglich nur mit einem goldenen Ortband und dem goldumkleideten Griff verziert gewesen und wohl in diesem Zustande aus einer griechischen Werkstatt an den Besitzer gelangt, der nun seinerseits, um die Waffe prunkvoller und seinem Geschmack entsprechender zu gestalten, sie von einem einheimischen skythischen Meister mit der tierverzierten Goldumkleidung versehen ließ. Nur auf ähnliche Art können die griechischen und skythischen Teile auf einem Gegenstand vereint worden sein.[2]) Ein Beispiel einer solchen nur mit einem Ortband verzierten Scheide hatten wir ja beim Schwert aus dem Zolotoj-Kurgan. Das Grab war hier unberührt und von der gewissenhaft ausgeführten Ausgrabung von Veselovskij liegen alle die Einzelheiten betreffenden Beobachtungen vor, so daß kein Grund vorhanden ist, anzunehmen, der Scheidenbeschlag wäre unbeachtet abhanden gekommen.

Das Schwert hat ausdrücklich nach dem Grabungsbericht eine bloß mit dem schon bekannten Ortband versehene Holz- und Lederscheide gehabt. Nun ist hier noch zu beachten, daß der Brauch, die Schwertscheide mit einem besonders gearbeiteten und als solchen charakterisierten Ortband auszustatten, bei den skythischen Kurzschwertern eigentlich nur in dieser älteren Gruppe anzutreffen ist. Bei den späteren Schwertern derselben Grundform ist es, soweit sich Schwertscheiden erhalten haben, nur ausnahmsweise vorhanden. Ich kenne nur ein einziges Schwert aus späterer Zeit (3. Jh. v. C.), das ein der Form nach dem aus Vettersfelde ähnliches, aber unverziertes Ortband hat. Auch hier war die Scheide an der oberen Hälfte ohne Goldumkleidung.[3]) Ortbänder mit einer sehr ähnlichen Art der Ver-

---

[1]) Der Feststellung von Seltmann, daß das Gewicht der Goldsachen sich in attischen Drachmen ausdrücken läßt, kann wohl keine besondere Bedeutung beigemessen werden. Die sog. Dolchscheide hat danach das Gewicht von 178 g = 40 Drachmen. Vgl. C. T. Seltmann, Athens, its history und coinage before the Persian invasion. Cambridge 1924.

[2]) Beim Schwert von Tomakovka und vielleicht auch bei dem aus dem Zolotoj-Kurgan ist auch der Griff nichtgriechischer Herkunft.

[3]) Vgl. Tf. 16e, Ortband aus Gold des einschneidigen Schwertes von Tur, Gouv. Kiew.

zierung sind zwar in einer viel späteren Zeit anzutreffen, aber bei einem ganz anderen Schwerttypus und von anderer Form, die sich in keinen direkten Zusammenhang mit den hier beschriebenen Ortbändern bringen läßt und wohl, was die Verzierung betrifft, auf die gleiche Tradition antiker Goldschmiedekunst zurückzuführen ist.[1])

Ähnliche Erscheinungen in der Technik der Verzierung haben wir ja auch bei La-Tèneschwertern aus Ungarn.[2]) Die griechisch gearbeiteten Ortbänder vom Vettersfelder Typus sind den südrussischen Kurzschwertern sonst nicht geläufig, vielmehr hauptsächlich auf diese Gruppe der Frühzeit beschränkt.

Die Art der Verzierung dieser Stücke durch aufgelötete Drahtzierate und das immer wiederkehrende Schleifenmotiv sind bei griechischen Goldschmiedearbeiten schon in sehr früher Zeit vertreten und haben sich mehr oder weniger durch das ganze Altertum gehalten.

Aber griechische Schwertscheiden, die mit ähnlich verzierten Ortbändern versehen sind, kenne ich nur aus der archaischen Zeit. Die Kriegerdarstellungen auf griechischen Vasen des 7. und 6. Jh. v. C. zeigen eine unten gewöhnlich rechteckig endende Schwertscheide. Man kann zwei Gruppen unterscheiden. Bei der einen, sehr häufigen Gruppe hat die Scheide kein Ortband, sondern ist durchweg schwarz wiedergegeben und zeigt der ganzen Länge nach eine Umwickelung. Es muß sich hier um eine lederumkleidete Holzscheide oder auch eine nur aus Leder bestehende Scheide handeln, die als einzigen Schmuck die technisch notwendige Schnur- oder Drahtumwickelung aufweist.[3]) Bei der zweiten Gruppe ist der Aufbau der Scheide komplizierter, indem hier deutlich ein besonders angesetztes Ortband und ebenso ein Beschlag des Scheidenmundes zu erkennen ist. Was nun die stoffliche Beschaffenheit der einzelnen Scheidenteile anbetrifft, so sind sie als aus verschiedenem Material bestehend gekennzeichnet. Das Ortband und der Scheidenmund, sowie gewöhnlich auch der Schwertgriff, sind hell gezeichnet, während die Scheidenbahn, soweit sie nicht verziert ist, schwarz gegeben ist; seltener ist das Verhältnis umgekehrt.[4]) Daß hierbei das Ortband, der Beschlag des Scheidenmundes und der Griff gegenüber der gewiß lederumkleideten Scheide aus Metall sind, ist wohl als selbstverständlich anzunehmen. Die Form dieser Ortbänder ist eine von den südrussischen abweichende kurze viereckige. Die Scheide und das Ortband sind häufig verziert, und, was uns hier besonders interessiert, ist, bei den Ortbändern kommt eine denen an den südrussischen Stücken sehr ähnliche Verzierung vor, nämlich das Schleifenmuster. Ein gutes Beispiel einer solchen griechischen Schwertscheide bietet die Darstellung auf einer korinthischen Tontafel des Timonidas.[5])

Die schwarze, durch einen Mittelstreifen verzierte Scheide hat ein kurzes viereckiges Ortband, das oben und unten durch Streifen verziert ist, während die Mitte durch die uns von den südrussischen Ortbändern bekannten Schleifen gefüllt ist, hier allerdings in anderer Anordnung und anscheinend beträchtlich größer, fast die ganze Fläche füllend.

Wir haben hier also eine griechische Schwertscheide mit metallenem Ortband, das dieselben dieser Zeit geläufigen Ziermotive aufweist wie die der skythischen Kurzschwerter. Ich glaube annehmen zu dürfen, daß wir es auch hier mit einer Art Filigranverzierung zu tun haben. Es kämen höchstens noch Gravierung oder ge-

---

[1]) Vgl. die Schwertscheiden der Orenburggruppe auf Tf. 23.

[2]) Z. B. Die Schwertscheide von Hatvan-Boldog, Arch. Ert. 1895 S. 19.

[3]) Vgl. z. B. Buschor, Griechische Vasenmalerei Abb. 67, 71, 72; Pfuhl, Malerei und Zeichnung der Griechen Bd. III, Abb. 179 (oben).

[4]) Pfuhl, Malerei und Zeichnung der Griechen, Bd. III, Abb. 57, 85.

[5]) Pfuhl, a. a. O., Abb. 182; Buschor, a. a. O, Abb. 45.

a

b

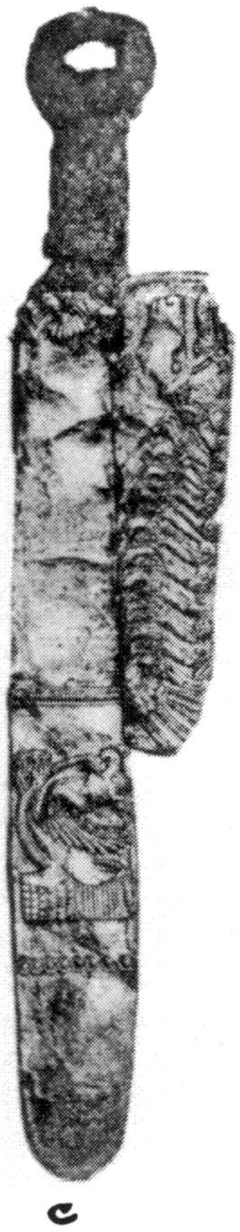

c

a. Skythendarstellung auf dem Goldkamm von Solocha. Nach Arch. Anz. 1914 S. 263. — b. Goldbelag der Scheide eines Kurzschwertes von Jelisavetovskaja Stanica, Don-Delta (Ušakov-Fund 1901). L. 54 cm. Nach Arch. Anz. 1902 S. 44. — c. Akinakes in goldumkleideter Scheide von ebenda (Ausgrabung A. A. Miller). L. 58 cm. Nach Arch. Anz. 1911 S. 197.

stanzte Ornamente in Betracht; beide Verfahren sind in diesem Falle weniger geeignet. Die aus griechischen Werkstätten stammenden Ortbänder der skythischen Schwerter sind eine nur in der Frühzeit bei dieser Gruppe anzutreffende Sondererscheinung. Da wir nun ähnlich verzierte Ortbänder bei griechischen Schwertern haben, die zeitlich nur wenig älter sind, so ist es sehr wahrscheinlich, daß diese grundsätzlich griechische Art der Scheidenbildung der genannten skythischen Schwerter von der griechischen Schwertscheide dieser Zeit übernommen ist. Da wir in dieser Zeit schon mit starkem griechischen Einfluß und mit griechischen Werkstätten im Pontusgebiet zu rechnen haben, so ist letzteres leicht erklärlich. Das kurze griechische Ortband verändert die Form, indem es, sich der skythischen Schwertscheide anpassend, länger wird. Eine in dieser Beziehung der griechischen nahestehende Schwertscheide ist die aus dem Zolotoj-Kurgan, wo das Ortband verhältnismäßig kurz ist und die lederne Scheide unverziert war. Die anderen Scheiden sind dem mehr primitiven prunkliebenden Geschmack entsprechend ganz mit Gold umkleidet, was bei den Schwertern von Šumejko und Tomakovka eine spätere skythische Zutat ist, während das Schwert von Vettersfelde schon in der griechischen Werkstatt seine jetzige Gestalt erhalten hat.

Am Schluß dieses Abschnittes über die älteren skythischen Schwerter ist noch ein Schwert zu erwähnen, das von A. A. Müller bei der Jelisavetovskaja Stanica, im Gebiet des alten Tanais, gefunden wurde (Tf. 7 c). Der Grifform nach gehört dieses Schwert zu einem ganz anderen Typus; es hat aber eine ziemlich gut erhaltene Scheide, die eine interessante Abwandlung des Scheidentypus von Tomakovka ist und darum in diesem Zusammenhang betrachtet werden kann.[1])

Die für die nähere Bestimmung des Schwerttypus wichtige Form des Griffes ist auf der Abbildung leider nicht mit Sicherheit bestimmbar. Er scheint einen geschlossenen Ring als Knauf zu haben, und dann hätten wir hier das älteste einigermaßen datierbare Schwert mit Ringknauf, aber es ist auch ebenso möglich, daß es ein durch Rost entstellter antennenartiger Knauf ist. Die mit dünnem gestanzten Goldblech umkleidete Scheide hat parallel verlaufende Seiten und ist unten abgerundet. Der Goldbelag besteht aus zwei Teilen, dem oberen, nur am Scheidenmund verzierten, und dem unteren ortbandartigen Teil, der die Form des Ortbandes von Tomakovka hat, aber als selbständiger Scheidenteil nur zurückhaltend durch die geriefelte Umschnürung am oberen Rand angedeutet ist. Auf dem durch den Rand und ein Flechtband abgegrenzten Viereck befindet sich die Darstellung eines drachenartigen geflügelten Wesens mit Greifenkopf und fischschwanzähnlichem Hinterleib, das im Begriff ist, eine Schlange zu verschlingen. Der seitliche Scheidenansatz ist von ungewöhnlicher Größe im Verhältnis zur Scheide und mit einem Hirschkopf verziert, der mit seinem überreichen, in phantastische Spiralen umgebildeten Geweih die ganze Fläche ausfüllt.

Die, wie schon erwähnt, im Prinzip mit der Scheide von Tomakovka gleiche Form dieser Schwertscheide hat einen ganz abweichenden allgemeinen Charakter.

Der Scheidenbelag ist zwar auch aus zwei Teilen gebildet, aber der untere Teil ist hier kein eigentliches Ortband mehr, das, massiver gebildet, einen selbständigen notwendigen Teil der Scheide bildet. Die Zweiteilung macht hier vielmehr den Eindruck einer im Verschwinden begriffenen Reminiszenz an eine überlebte Bildung.

Durch den riesigen, in der Verzierung überladen wirkenden seitlichen Scheidenansatz wirkt das Ganze plump und ungefüge. Die Ausführung der Scheiden-

---

[1]) Farmakovskij, Arch. Anz. 1911 S. 197 Abb. 5; Otčet 1909/10 (1913) S. 145, Abb. 210. Länge des Kurzschwertes 58 cm.

verzierung im südrussischen Tierstil ist eine einheitliche, sicher in einer einheimischen Werkstatt entstandene.

Farmakovskij (a. a. O.) will das Schwert in das 6. Jh. v. C. datieren, indem er meint, es könne nicht viel jünger sein als die Dolchscheide von der Jelisavetovskaja Stanica (Tf. 7 b), die ja andererseits sogar für das 7. Jh. v. C. beansprucht wird. Dieser Ansatz scheint mir viel zu hoch. Gerade der Vergleich mit der genannten Dolchscheide zeigt den großen Stilunterschied und den viel jüngeren Charakter dieses Schwertes, das wohl frühestens in das 5. Jh. gehören wird. Einen Anhaltspunkt für die Datierung kann vielleicht auch das greifenähnliche Mischwesen auf der Scheide bieten, für das es ein Gegenstück auf einem der Goldbeschläge aus dem Kurgan 4 der „Sieben Brüder" gibt, hier nur mehr drachenartig gestaltet (Rostovcev, Iranians Tf. XIII). Dieses Grab gehört in das 5. Jh. v. C.

Die Kurzschwerter aus dem 6. und 5. Jh. v. C., die ich hier in eine als „archaisch" bezeichnete Gruppe zusammengefaßt habe, gehören, mit Ausnahme des zuletzt genannten Schwertes, der gemeinsamen Form des Schwertgriffes nach zu einem Typus. Die ganze Gruppe von Schwertern mit dieser Grifform in ihren Varianten und späteren Umwandlungen wird im folgenden noch näher behandelt werden.

Die hier bei diesen untereinander sehr nahestehenden Schwertern erhaltenen Schwertscheiden zerfallen der Konstruktion nach in zwei Gruppen. Bei der einen Gruppe, zu der die ältesten Stücke gehören, ist die Scheide bzw. ihre Umkleidung aus einem Stück gearbeitet, wie bei der Scheide von Jelisavetovskaja (Tf. 7 b) oder, wenn sie auch aus mehreren Teilen besteht, wie bei den Scheiden aus dem Litoj-Kurgan und von Kelermes (Tf. 3 a, b), so ist doch keiner dieser Teile besonders hervorgehoben und in seiner Form als Ortband charakterisiert. Dagegen besteht jede Schwertscheide der zweiten Gruppe aus zwei deutlich voneinander gesonderten selbständigen Teilen: einem langen und gewöhnlich massiver als der übrige Scheidenbeschlag gebildeten goldenen Ortband, und einem oberen, nur aus Leder bestehenden Scheidenteil, wie z. B. beim Schwert aus dem Zolotoj-Kurgan oder häufiger ebenfalls mit Goldblech, wie bei den Schwertern von Šumejko, Tomakovka und Vettersfelde (Tf. 6). Die Schwertklingen, die nicht erhalten sind, aber die man nach den Formen der Scheiden mit ziemlicher Genauigkeit ergänzen kann, zerfallen ebenfalls in zwei Abarten, unabhängig von der oben gegebenen Zweiteilung der Scheidenformen. Die eine Klingenart, die die Schwerter von Kelermes, Tomakovka und das von Tanais aufweisen, hat fast parallel verlaufende oder sich nur äußerst wenig nach unten verjüngende Seiten und eine kurze Spitze. Die andere Klingenform hat sich gleich oben stark verjüngende Seiten, die in einer langausgezogenen Spitze enden. Beide Klingenformen können einfach flach oder auch durch einen Mittelgrat (Vettersfelde) oder Blutrinnen (Tomakovka) profiliert sein.

Die Länge der Schwerter schwankt zwischen 50—60 cm, was die gewöhnlich für einen Dolch beanspruchte Größe bei weitem überragt, einer eigentlichen Schwertlänge aber nachsteht und somit der Bezeichnung als Kurzschwert vollständig entspricht. Die ganze Gruppe weist, was die ornamentale Ausstattung betrifft, drei verschiedene Stilarten auf: den archaisch-orientalischen Stil des Melgunov- und Kelermes-Schwertes und des von der Jelisavetovskaja Stanica, das rein archaisch-jonische Schwert von Vettersfelde und den die Formen beider genannten Stile verwertenden, aber sie selbständig umwandelnden und seinem Formensinn anpassenden sog. skythischen Tierstil der Schwerter von Šumejko, Tomakovka und Tanais.

Silberbelag des Gorytes von Solocha. Nach Stepanov, Geschichte der russischen Tracht I (1916) S. 5.

## 2. DER SKYTHISCHE UND PERSISCHE AKINAKES

Die im ersten Kapitel beschriebenen Schwerter der skythischen Frühzeit in Südrußland zeigen eine Kurzschwertform, die folgende charakteristische Züge aufweist. Es sind Kurzschwerter von durchschnittlich 50 cm Länge mit zweischneidiger gerader Klinge. Der Griff hat einen von einem wulstartigen oder querstabartigen Knauf gebildeten oberen Abschluß. Der untere Abschluß des Griffes (Parierstange) ist eigenartig herzförmig gebildet. Besonders charakteristisch ist die Form der Scheide. Entsprechend der Form des unteren Schwertgriffabschlusses ist der Scheidenmund ebenfalls oben herzförmig ausgeschnitten. Der obere erweiterte Teil der Scheide bedeckt den unteren Griffabschluß, wenn das Schwert in der Scheide ruht. Am oberen Teil der Scheide befindet sich ein seitlicher lappenartiger Ansatz von geschwungenem Kontur, der am Rand durchlocht ist und offenbar zur Befestigung des Kurzschwertes am Wehrgehänge dient. Alle erwähnten Kurzschwerter sind Prunkwaffen mit reich verziertem Goldbelag des Griffes und der Scheide.

Von Herodot (IV 62) wissen wir, daß die Skythen den persischen Akinakes als Waffe führten. Akinakes (ἀκινάκης) ist die einheimische Bezeichnung für das Schwert der Perser (Herod. VII 54), welches eine kurze gerade Form hat, und, am Gürtel befestigt, am rechten Schenkel getragen wird (Herod. VII 61; Poll. I 138).

Den Akinakes tragen auch die Saken, welche den Skythen gleichgestellt werden, denn nach Herodot (VII 64) nennen die Perser alle Skythen Saken. Trotzdem die Hauptwaffen bei den Persern und besonders den Saken der Bogen und die Lanze waren, scheint das kurze, nur im Nahkampf als Hilfswaffe zu gebrauchende Kurzschwert eine große Rolle gespielt zu haben. Den goldenen Akinakes tragen die Perserkönige und verleihen ihn als hohe Auszeichnung (Herod. VIII 120; Xenoph. Anab. I 2, 27. 8, 29). Bei der Öffnung des Grabes des Kyros findet Alexander an der Seite des Königs einen Akinakes (Q. Curt. X 1, 31). Xerxes wirft bei einem symbolischen Akt, beim Übergang über den Hellespontos, einen Akinakes ins Meer (Herod. VII 54). Ein besonders wertvoller Akinakes des Mardonius wurde im Schatz der Athener auf der Akropolis aufbewahrt (Demosth. c. Timocr. p. 478, ed. Wolff 1572). Durch den Akinakes erleidet Kambyses den Tod. Die bekannte Episode vom Tod des Königs durch eine unvorsichtige Selbstverwundung beim Besteigen des Pferdes weist auf eine der oben erwähnten entsprechende Tragweise des Kurzschwertes. „Und wie er sich aufs Pferd schwang, fiel ihm unten an der Dolchscheide der Beschlag (Ortband) ab und der Dolch ward bloß und fuhr in den Schenkel“ (Herod. III 64). Eine derartige Verwundung durch die in der Scheide steckende Waffe ist nur erklärlich, wenn wir annehmen, daß es sich um ein Kurzschwert — Akinakes — handelt, besonders wenn es am rechten Schenkel befestigt getragen wird.

Eine nähere Beschreibung des persischen Akinakes fehlt. Darüber geben uns aber die erhaltenen Darstellungen von Persern und Saken genügend Aufschluß. Auf den persischen Reliefs von Persepolis sind bei den Perserdarstellungen der Tracht und der Bewaffnung nach zwei Typen zu unterscheiden. Die einen haben die weite susisch-medische Tracht und einen Dolch mit oben weit ausladender Scheide, der vorne im Gürtel getragen wird, die anderen, die sakisch-persische Hosentracht tragen, haben immer das dolchartige Kurzschwert am rechten Schenkel (Tf. 9 e). Da andere Kurzschwertformen auf den Perser- und Sakendarstellungen der persischen Thron- und Grabreliefs nicht vorkommen und nur die letztgenannte Kurzschwertform in der Tragweise am rechten Schenkel dem entspricht, was uns vom persischen Akinakes bekannt ist, so können wir mit Sicherheit annehmen, daß dies der von Herodot und anderen genannte Akinakes ist. Der Akinakes ist bei den realistischen Perserdarstellungen häufig (vgl. Tf. 9), fehlt aber bei den typisierten Persern auf griechischen Vasen und Reliefs. Die Perser auf dem Alexandersarkophag und dem Alexandermosaik haben ihn nicht. Einen akinakesähnlichen Dolch an der rechten Seite, aber im Gürtel steckend, haben zwei Perser auf dem Aryballos des Xenophantos mit der Perserjagddarstellung (Minns, Scythians Abb. 249). Deutlich zeigt einen persischen Akinakes die Perserdarstellung auf dem Reliefs vom Westfries des Payava-Grabes in Xanthos (Tf. 9 a).

Die Form und Art der Befestigung des Akinakes geben besonders deutlich einige Figuren der Reliefs von Persepolis und das Goldblech mit einer Perser- oder Sakendarstellung aus dem Oxusfund (Tf. 9 c—e). Es ist ein kaum 50 cm langes Kurzschwert mit allen schon bei der Beschreibung der südrussischen Kurzschwerter erörterten Besonderheiten der Griff- und Scheidenform. Eigenartig ist die Befestigungsweise des Akinakes. Er ist durch den uns schon von den skythischen Scheiden her bekannten seitlichen Ösenansatz der Scheide am doppelten Waffengurt befestigt. Um den Akinakes, der mehr nach vorne am Oberschenkel sitzt, festzuhalten (besonders wichtig beim Reiten), ist um das untere verdickte Ende der Scheide ein langer Riemen gebunden, welcher um den rechten Oberschenkel geschlungen ist, und dessen freies Ende, durch eine Schlinge des anderen Endes gezogen, den Akinakes am Schenkel festhält.

Schon Furtwängler hat die Tragweise des persischen Akinakes bei der Behandlung des Kurzschwertes aus Vettersfelde erläutert und auf die gleiche Form und augenscheinlich auch gleiche Tragweise des südrussisch-skythischen Akinakes und des persischen hingewiesen. Was die Tragweise des Akinakes der skolotischen Skythen anbetrifft, so scheinen sie häufig von der Regel, der Befestigung nach persischer Art am rechten Schenkel, abgewichen zu sein. Die einzigen Darstellungen von Skythen, die mit dem deutlich als solchen erkennbaren Akinakes bewaffnet sind, auf dem Goldkamm und dem Gorytbeschlag von Solocha (Tf. 7 a, 8) zeigen den Akinakes am Gürtel an der linken Seite ohne die eigenartige Befestigung am Oberschenkel. Die ziemlich zahlreichen Darstellungen von Skythen im attischen Heer auf den griechischen Vasenbildern zeigen nie den Akinakes als Waffe.[1])

Daraus erklärt sich auch der Umstand, daß in den Gräbern, auch in Fällen, wo es sich um sichere Beobachtungen bei intakten Bestattungen handelt, der Akinakes oft an der linken Seite des Toten liegt.

Die Befestigung am rechten Schenkel ist charakteristisch für den Akinakes als Reiterwaffe. Das Schwert liegt immer handlich auf dem rechten Schenkel (Tf. 9 c, e) und wird nach hinten aus der Scheide gezogen. Wie bei den Persern scheint der Akinakes auch bei den Skythen oft eine Prunk- und Ehrenwaffe gewesen zu sein. Dafür sprechen die vielen reich mit Gold verzierten Schwerter und die Verwendung des Akinakes bei symbolischen und sakralen Handlungen. Beim Schließen eines Blutsvertrages wird der Akinakes, Pfeile, Streitaxt und Lanze in den mit dem Blut der Beteiligten gemischten Wein getaucht (Herod. IV 70). Der Akinakes ist auch das Sinnbild des Kriegsgottes, der in Gestalt eines Schwertfetisches verehrt wird (Herod. IV 62). Ähnliches wird von den Alanen berichtet (Ammian. XVII 11, 23). Überhaupt tritt der national-iranische Charakter dieser Waffe überall hervor. Die Perser auf den Reliefs in Persepolis in der fremdartigen weiten Tracht der susischen Garden haben diese Waffe nicht, wohl aber die Meder und Saken in der sakischen, die der von den bekannten Skythendarstellungen aus Südrußland so überaus ähnlich ist (z. B. Tf. 9 c, e). In dieser Beziehung sei hier noch auf eine interessante Einzelheit hingewiesen. Auf einigen Reliefs des sog. „Hadish"

---

[1]) Letzte Zusammenstellung solcher Darstellungen bei W. Wiede, Kriegers Abschied. Diss. Marburg 1921 S. 160 Anm. 536 der Maschinenschrift.

a

b

c

d

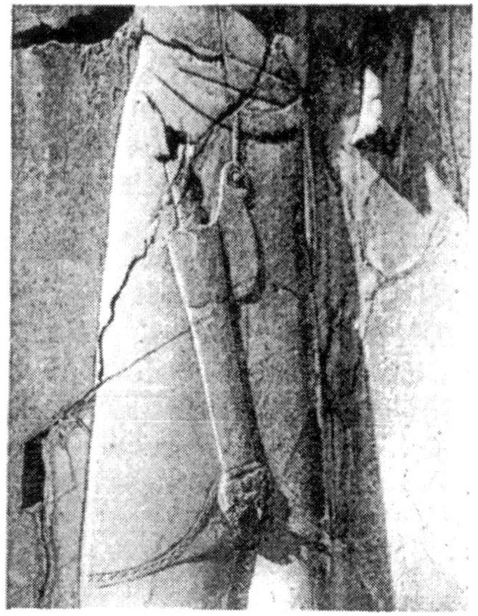

e

Darstellungen von mit dem **Akinakes** bewaffneten Persern: a. Vom Relief des Westfrieses des Payavagrabes in Xanthos, Lykien. London, British Museum. Nach A. H. Smith, A Catalogue of Sculpture 1900 Tf. XI. — b. Persischer Siegelzylinder. Nach **Delaporte**, Catalogue des cylindres orientaux. — c. Getriebenes Goldblech aus dem Oxus-Schatz. H. 16 cm. Nach **Dalton**, The treasure of the Oxus² 1926 Tf. XIV 48. — d. Persischer Siegelzylinder. Nach Tonabdruck Berlin. — e. Von einem Relief des Xerxespalastes in Persepolis. Nach Dalton a. a. O. Abb. 15.

des Xerxes in Persepolis sind die Akinakes fast in Naturgröße dargestellt und zeigen am unteren erweiterten Ende der Scheide eine Verzierung in Form eines kauernden zusammengerollten hundartigen Tieres, das stark an ähnliche skythische Formen erinnert. Es ist höchst charakteristisch, daß hier bei der monumentalen persischen Hofkunst, die die Formen der vorderasiatischen und mesopotamischen Kunst übernommen hat, an einer nationalen Waffe Motive auftreten, die der offiziellen Kunst sonst fremd sind. Das Motiv des zusammengerollten Tieres ist charakteristisch für den südrussisch-skythischen und sibirischen Kunstkreis, die in ihren Grundformen wohl beide z. T. iranischen Ursprunges sind. Auch die Volkskunst der Perser wird sie gekannt haben.

Originale des persischen Akinakes sind, mit Ausnahme eines Scheidenfragments aus dem Oxusfund (Tf. 10 b) und des sicher persischen Akinakesgriffes von Čertomlyk (Tf. 10 a), nicht bekannt, was wohl daran liegen mag, daß sich die archäologische Forschung hier bisher hauptsächlich den Architektur-Denkmälern zugewendet hat. Zufällig sind 7 solcher Scheidenenden aus Elfenbein erhalten und befinden sich im Louvre. Sie stammen angeblich aus Ägypten von mehreren Fundplätzen.[1]) Auch diese Einzelheit ist charakteristisch für die iranisch-persischen Beziehungen zu Südrußland.

## 3. DIE SCHWERTER MIT HERZFÖRMIGER PARIERSTANGE

### a) MIT OVALEM UND QUERSTABARTIGEM KNAUF

In diese Gruppe gehören die im ersten Abschnitt eingehend besprochenen Schwerter, mit Ausnahme des möglicherweise mit einem Ringknauf versehenen Schwertes von der Jelisavetovskaja Stanica (Tf. 7 c). Der Knauf wird durch ein Querstück mit ovalem oder eckigem Querschnitt gebildet. Bei weniger ausgeprägten, roher bearbeiteten Exemplaren wird dieser Knauf einfach wulstartig, während er bei einer anderen Abart, wo das Querstück nach beiden Seiten verlängert ist, eine Art Querstab bildet, wie wir es z. B. am Vettersfelder Schwert hatten. An den Anfang der Beschreibung der einzelnen Varianten dieses Schwerttypus ist das einzige mir aus Südrußland bekannte Bronzeschwert zu setzen. Es wurde beim Dorfe Tomaševka, im Kreise Čigirinsk, Gouv. Kiew gefunden. Über die Fundumstände ist nichts bekannt, so daß eine genauere chronologische Eingliederung dieses alleinstehenden Stückes unmöglich ist. Das aus einem Stück gegossene Bronzeschwert (Tf. 12 a)[2]) hat die typische Akinakesform und ist 36 cm lang, also bedeutend kürzer als die bisher erwähnten Schwerter. Der Griff ist flach und dachförmig gewölbt mit schmalen erhabenen Rändern, die oben in den ebenfalls abgeflachten Knauf übergehen. Der herzförmige Griffabschluß hat durch den weit ausladenden Ausschnitt und den flach gewölbten oberen Rand eine nierenartige Form. Die Klinge ist flach dachförmig, mit sich nur wenig nach unten verjüngenden Seiten. Der allgemeinen Form nach steht das Kurzschwert den gleichen Formen der sibirischen Bronzedolche näher als den uns bekannten Eisenschwertern desselben Typus aus Südrußland.

Die ältesten uns bekannten datierten skythischen Kurzschwerter derselben Form sind alle schon aus Eisen, also müßte seinem Material nach dieses Schwert älter sein und einer Übergangszeit von der Bronzezeit zur Eisenzeit angehören.

---

[1]) Nach freundlicher Mitteilung von Herrn Prof. E. Herzfeld in Berlin. 6 befinden sich in der assyrischen Abteilung (Thureau-Dangin) und 1 in der Elfenbeinabteilung.

[2]) Bobrinskoj, Směla III S. 146 Tf. XI 5. Minns, Scythians S. 70, Abb. S. 189f. 81.

Nun ist uns eine solche Stufe in Südrußland vorläufig unbekannt und die wenigen bronzezeitlichen Dolche aus Südrußland gehören einer ganz anderen Formgattung an.[1]) Bei den auch sonst zutage tretenden Beziehungen der etwa gleichzeitigen westsibirischen Kultur zur südrussisch-skythischen, wird man es wohl eher für ein zufällig aus dem Osten hierher verschlagenes Stück ansehen dürfen, wenn es nicht gleichzeitig mit den Eisenschwertern an Ort und Stelle verfertigt ist. Schwerter mit Bronzegriffen, was doch auch als archaischer Zug gelten müßte, kommen auch in verhältnismäßig später Zeit vor (z. B. der Akinakes von Griščency; Tf. 21 a). Ein solches, das hierher gehört, wurde 1899 von Chvoiko aus einem Kurgan beim Dorfe Prussy im Kreise Čerkask des Gouv. Kiew zutage gefördert (Tf. 11 b).[2]) Das Schwert hat eine in nur 4 Bruchstücken erhaltene flache Klinge und einen Bronzegriff, der in seiner Form dem des Schwertes von Šumejko äußerst nahe steht. Der fast runde Griffabschluß ist, im Gegensatz zu dem oben erwähnten Bronzekurzschwert, unten nur sehr wenig ausgeschnitten und trägt, nach der Abbildung zu urteilen, scheinbar in der Mitte eine rundgewölbte knopfartige Erhöhung. Letztere ist möglicherweise eine zufällige Rostbildung, da ähnliches sonst nirgends vorkommt. Die Griffstange ist der Länge nach in 3 Streifen geteilt, deren mittlerer vertieft ist und wohl ursprünglich mit einer Einlage versehen war; die gewölbten Seiten haben Einschnürungen. Den Knauf bildet eine Art Querstab. Das Schwert muß auch zeitlich dem von Šumejko und Vettersfelde nahe stehen und dem 5. Jh. angehören. In ungefähr dieselbe Zeit gehört ein Akinakes nicht südrussischer Herkunft aus dem bekannten Čertomlyker Kurgan (Tf. 10 a).[3]) Der gut erhaltene Griff dieses Schwertes wurde mit anderen Sachen in der Kammer 5 des Kurgan gefunden, wohin er wohl aus dem Zentralgrab verschleppt worden ist.

Bei einem nach Südrußland verschlagenen Stück persischer Provenienz wie diesem Akinakesgriff, ist die Differenz zwischen seinem zeitlichen Ansatz in das 5. Jh. und dem der Gesamtanlage des Kurgans, die allgemein in den Anfang des 3. Jh. v. C. gesetzt wird, nicht auffällig, besonders da es sich um eine Prunkwaffe handelt, die sich lange im Gebrauch halten kann. Überhaupt sind Gegenstände zeitlich verschiedenen Charakters in den südrussischen Gräbern nicht selten. Einer ganz anderen, späteren Abart angehörig sind die übrigen, aus demselben Kurgan stammenden Kurzschwerter mit flachovalem Knauf.

Der 14 cm lange eiserne, mit Goldblech bedeckte Griff hat einen, in scharfem, oben eckig abgesetztem Umriß gegebenen Herzabschluß. Der Knauf ist an jeder Seite mit einem gut gebildeten Rinderkopf versehen und unten von der Griffstange durch eine plastische Schnur abgeschnürt. Die Mitte ziert eine Palmette. Die Griffstange ist durch ein von zwei Schnüren eingerahmtes Blattornament der Länge nach in zwei Zonen geteilt, auf denen sich ornamental friesartig angeordnete Jagdszenen befinden. Ein Reiter, der ein gazellenartiges Tier verfolgt, ist auf jedem Feld dreimal wiederholt. Der am Griff erhaltene Rest der Klinge hat in der Mitte rechteckige Ausschnitte. Der Stil des Akinakesgriffes ist ausgeprägt persisch-achämenidisch, und weist auf iranischen Ursprung des Stückes hin, was bei den sich überall kundgebenden Beziehungen Südrußlands zum Iran gar nicht auffallen darf. Nicht zu beweisende Erklärungsversuche, wie sie z. B. de Linas (Origines de l'orfèvrerie cloisonnée S. 219) gibt, indem er meint, der Akinakes könne das

---

[1]) Ebert, Südrußland Abb. 29; Chanenko, Sammlung II 59; Tallgren, Pontide préscythique Abb. 88, 109.

[2]) Chanenko, Sammlung III, Tf. XXXVIII, 166. In der Einleitung: Auszug aus dem Grabungsprotokoll von Chvoiko. Die Bestattung war gestört, aber im Grab befanden sich zwei kleine griechische Vasen, die leider weder abgebildet, noch beschrieben sind.

[3]) Materialy 31 (1911) Tf. V 1; Minns, Scythians S. 163 Abb. 51; Tolstoj-Kondakov, Russkija Drevnosti II S. 145 Abb. 122.

a. Akinakesgriff persischer Arbeit aus dem Kurgan von Čertomlyk. Nach Materialy 31 (1911) Tf. V 1. — b. Goldbelag einer Scheide aus dem Oxus-Schatz. L. 29 cm. Nach Dalton, The Treasure of the Oxus [2] 1926 Tf. IX.

Beutestück eines skythischen Großen während des Skythenzuges des Darius sein, sind dazu nicht nötig.[1]) Der persische und persisch-assyrische Einfluß ist in Südrußland schon in der Frühzeit stark bemerkbar. Charakteristische Beispiele dafür aus dem 6. Jh. v. C. hatten wir schon bei den Kurzschwertern aus dem Melgunov-Fund, von Kelermes und der Jelisavetovskaja Stanica. Überhaupt ist das südrussisch-skythische Kurzschwert, wie wir gesehen haben, identisch mit dem persischen Akinakes, einer im gewissen Sinne allgemein iranischen Nationalwaffe. Ein Beispiel direkten persischen Imports aus dem 5. Jh. bildet das bekannte Silberrhyton aus dem IV. Kurgan der „Sieben Brüder" (Minns, Scythians S. 211 Abb. 110). Beweise für die Beziehungen zum iranischen Osten liefern auch die Funde von persischen Siegelzylindern, die besonders in den Gräbern hellenistischer Zeit häufig sind.[2]) Die dazu gehörige Schwertscheide ist wahrscheinlich nicht erhalten, denn die daselbst gefundene, mit prächtigen griechischen Darstellungen geschmückte Scheide (Tf. 22 d) kann nicht mit Sicherheit mit diesem Schwert in Verbindung gebracht werden.

Eine Vorstellung von einer persischen Akinakesscheide, die ihrem Stil nach unserem Schwertgriff verwandt ist, gibt der nur in Bruchstücken erhaltene goldene Scheidenbeschlag aus dem sog. Oxusfund, der 1877 in Südsibirien am Mittellauf des Amu-Darja gemacht wurde[3]), und eine Reihe interessanter Beispiele persischer Goldschmiedekunst lieferte, die sich jetzt im Britischen Museum befinden. Der Scheidenbeschlag (Tf. 10 b)[4]) hat eine Länge von 27,6 cm ohne den fehlenden unteren Abschluß der Scheide. Das obere Scheidenende hat die uns bekannte herzförmige Bildung zur Aufnahme des ebenso gestaltet zu denkenden Schwertgriffes und den seitlichen Ösenansatz. Was uns in diesem Zusammenhang besonders interessiert, sind die die Scheide schmückenden Jagdszenen, die in ihrer Auffassung und ihrem Stil den ähnlichen Darstellungen auf dem Čertomlyker Akinakesgriff überaus nahestehen. Es sind reitende Bogenschützen in derselben medisch-sakischen Tracht, die es hier aber mit sich zur Wehr setzenden Löwen zu tun haben. Die Akinakesscheide könnte jünger sein als der Griff von Čertomlyk, denn die Arbeit ist flüchtiger und in der Formengebung flauer. Beide sind charakteristische Beispiele persischer Kleinkunst, die hier Motive der griechisch beeinflußten, dekorativen Monumentalkunst verwendet.

Aber kehren wir wieder zu dem eigentlichen südrussisch-skythischen Gebiet zurück. Aus einem Grabe auf dem Gut Maricyn, das sich zwischen Očakovund Parutino, unweit des alten Olbia, befindet, stammt ein stark durch Rost beschädigter Akinakes, der an der rechten Seite des Bestatteten lag[5]). Er hat bei etwas gedrungener Form eine Länge von 41,5 cm und gehört, soweit die Grifform zu erkennen ist, auch zu dem uns hier interessierenden Typus. Das Grab ist durch griechische Keramik in das 4.—3. Jh. datiert. Ein ebensolcher, aber besser erhaltener Akinakes mit gut ausgeprägtem Griff entstammt einem Einzelfunde aus der Kurgangruppe bei den Dörfern Darievka und Vasilkovo Gouv. Kiew (Tf. 12 d)[6]). Die hier breiter als sonst gebildete Griffstange ist durch zwei vertiefte Streifen kanellürenartig in 5 Zonen gegliedert. Im Museum von Samara befindet sich ein Akinakes, der seiner selten guten Erhaltung

---

[1]) Strzygowski, Zeitschrift für bildende Kunst 56 (1921) S. 162 führt den Čertomlyker Akinakesgriff irrtümlicherweise als zum Melgunov-Fund gehörig an.

[2]) Über persische Siegelfunde vgl. Rostovcev, Skythien S. 205, 207, 294, 300, 392, 480, 604, 611.

[3]) O. M. Dalton, The tresure of the Oxus. London 1926.

[4]) Dalton, a. a. O., Abb. 22; Minns, Scythians S. 255, Abb. 173.

[5]) Ebert, Präh. Ztschr. 1913 S. 53, Abb. 55.

[6]) Bobrinskoj, Směla Bd. II Tf. XV 7.

sowie seiner charakteristischen Grifform wegen hier besonders hervorgehoben werden muß. Er wurde in Ismailov, Bez. Bogoruslan, Gouv. Samara, gefunden (Tf. 12 b)[1]. Der Griff dieses Schwertes besteht aus zwei etwas nach außen gelehnten schräg geriefelten Stangen, die oben durch einen starken, den Knauf bildenden Quersteg verbunden sind. Der sehr flache, nach beiden Seiten ausgezogene herzförmige Griffabschluß ist mit dem für ihn typischen Motiv zweier heraldisch angeordneter, nicht näher bestimmbarer Tiere in durchbrochener Arbeit verziert. Die gut erhaltene Klinge ist dachförmig gewölbt und hat geschweifte Seiten, was ihr eine bei den skythischen Kurzschwertern sonst seltene Form verleiht. Durch die das Gerüst des Griffes bildenden beiden Stangen entsteht in der Mitte des Griffes seiner ganzen Länge nach ein durchbrochens längliches Viereck, das wohl eine nicht erhaltene Füllung aus möglicherweise vergänglichem Material gehabt haben wird.

Wie schon an anderer Stelle erwähnt wurde, ist anzunehmen, daß diese Art des Griffaufbaues bei den skythischen Kurzschwertern mit herzförmigem Griffabschluß die ursprüngliche ist und zu der für diese Schwerter charakteristischen Grifform geführt hat. Die Mehrzahl aller mir bekannten Kurzschwerter dieser Gruppe zeigt die charakteristische der Länge nach in 3 Zonen geteilte Griffstange wobei hervorzuheben ist, daß auch die Verzierungsweise dieser 3 Felder der Griffstange ziemlich konsequent eingehalten wird. Der eigentliche Träger der ornamentalen Verzierung ist immer nur der mittlere Streifen, während die beiden äußeren, die griffangelartigen Stangen charakterisierenden Ränder gewöhnlich geriefelt sind, was rein technischen Ursprungs ist, indem so der Griff fester in der Hand liegt. Das mehr geschützte mittlere Feld ist dann mit einer für ornamentale Zwecke leichter zu behandelnden Holz- oder auch Knochenfüllung versehen zu denken. Als wirklich konstruktiv ist diese Griffbildung aus Südrußland mir nur bei diesem Schwerte aus Ismailov bekannt. Bei allen anderen ist die Griffstange aus einem Stück gearbeitet, zeigt aber in der Gliederung deutlich ihre Herkunft von der hier beschriebenen Griffart. Das noch durchbrochene, durch Stege in einzelne Vierecke geteilte mittlere Feld der Griffstange hat ein Schwert aus der Sammlung Znosko-Borovskij. Die flache Form dieses Schwertgriffes mit dem fast dreieckig gebildeten Griffabschluß, leitet schon zu der folgenden Abart dieser Gruppe mit flachovalen Knauf über (Tf. 12 c)[2]. Ziemlich häufig ist diese Grifform in ihrer ursprünglichen Gestaltung aber bei den sibirischen Dolchen anzutreffen[3]. Bei den späteren wenig zweckmäßigen Umbildungen dieser Grifform von Čertomlyk-Typus (Tf. 17 b, c) nimmt das mittlere im Tierstil verzierte Feld den ganzen stark verflachten Griff ein, während die äußeren Streifen nur als ganz schmale, erhabene Ränder angedeutet sind. Einen eigenartigen Griffabschluß hat ein Akinakes aus dem Kreis Kanev, Gouv. Kiew (Tf. 11 c)[4]. An Stelle des gewöhnlichen herzblattförmigen Griffabschlusses ist letzterer hier durch zwei Voluten gebildet. Die Griffstange ist einfach ohne Gliederung, ebenso der starke ungefüge Knauf. Die Hauptvarianten dieser Schwertgruppe aus Südrußland wären mit den hier erwähnten Stücken erschöpft.

Neben diesen ausgebildeten Akinakesformen sind auch solche von ganz oberflächlicher und roher Arbeit häufig. Als Beispiele solcher verwahrlosten Formen seien hier zwei Kurzschwerter der Sammlung Chanenko angeführt. Das eine aus

---

[1]) Béla Pósta, Archeol. Studien auf russ. Boden, I, Abb. 57; K. M. Feodorov, Ukazatel' predmetov v samarskom publičnom muzeje. Samara 1898 S. 4, Nr. 2.

[2]) Chanenko, Sammlung III, Tf. LV B.

[3]) Einen im Prinzip ähnlichen zweiteiligen Griff haben die Dolche der Südruss. B. Z. (vgl. z. B. Ebert, Südrußland S. 73 Abb. 29; Tallgren, Pontide préscythique Abb. 88, 109), nur sind hier die beiden Stangen des Griffes oben zusammengebogen. Den skythischen Akinakesgriffen dieser Form näher steht die Griffstange eines Bronzedolches von Stepanci, Kr. Kanev. Tallgren, a. a. O. Abb. 109, 5.

[4]) Chanenko, Sammlung Bd. II, Tf. III, 51.

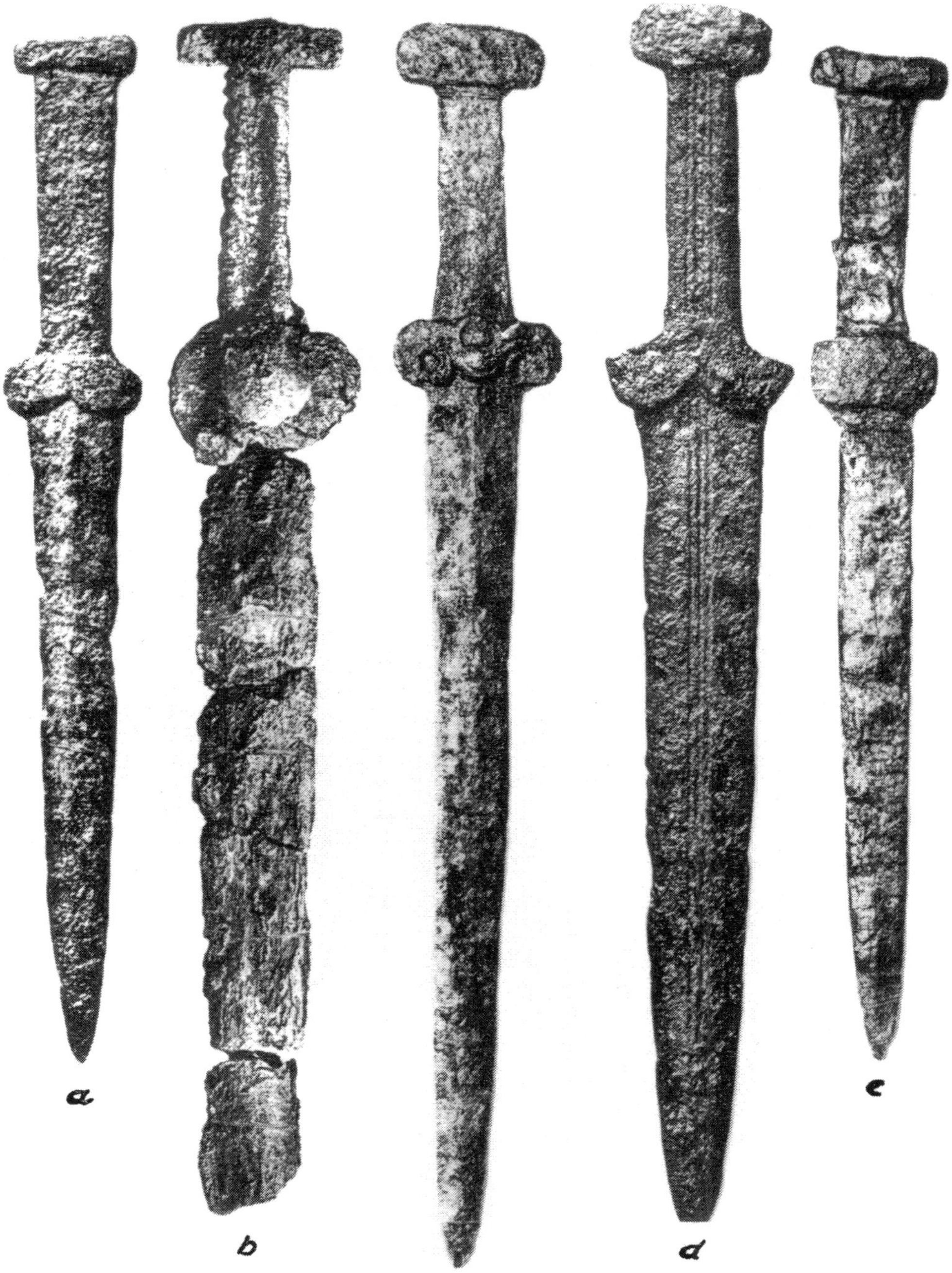


Kurzschwerter vom Typus mit querstangenartigem und ovalem Knauf: a. Kr. Romny, Gouv. Poltava. Nach Chanenko, Collection II Tf. II Nr. 53. — b. Prussy, Kr. Čerkask, Gouv. Kiew. Eisen mit Bronzegriff. Nach Chanenko, a. a. O. III Tf. XXVIII Nr. 166. — c, e. Kr. Kanev, Gouv. Kiew. Ebd. II Tf. III Nr. 51, 52. — d. Volkovcy, Kr. Romny, Gouv. Poltava. Ebd. II Tf. II Nr. 50.

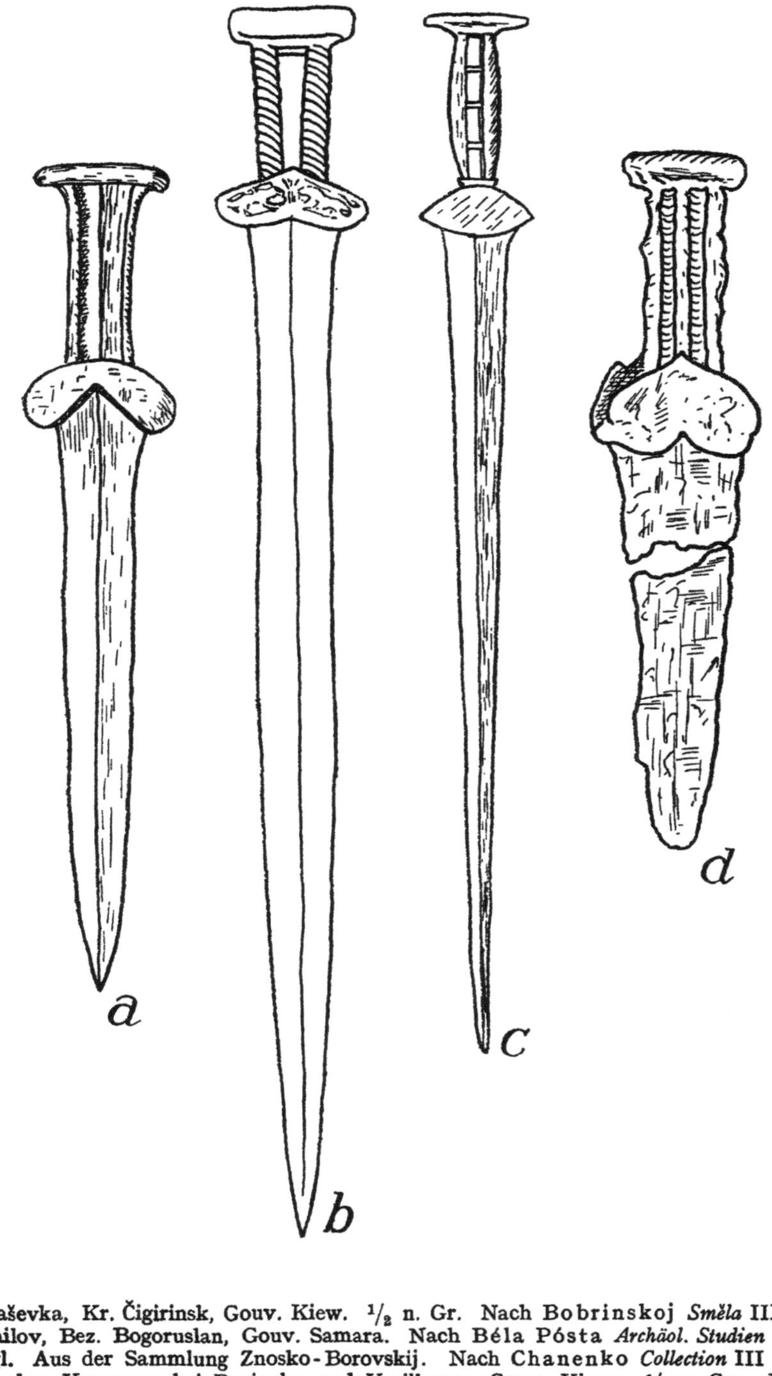


a. Tomaševka, Kr. Čigirinsk, Gouv. Kiew. $^1/_2$ n. Gr. Nach Bobrinskoj *Směla* III Tf. 11, 5.
b. Ismailov, Bez. Bogoruslan, Gouv. Samara. Nach Béla Pósta *Archäol. Studien* I Abb. 57.
c. Desgl. Aus der Sammlung Znosko-Borovskij. Nach Chanenko *Collection* III Tf. 55, 13.
d. Aus den Kurganen bei Darievka und Vasilkovo, Gouv. Kiew. $^1/_2$ n. Gr. Nach Bobrinskoj *Směla* II Tf. 15, 7.

dem Dorfe Volkovcy, im Romenschen Kreise des Gouv. Poltava (Tf. 11 d)[1]), steht der Grundform noch nahe. Der Knauf ist als glatter Wulst gebildet. Die gewöhnlich plastische Gliederung der Griffstange ist durch einfache Rillen angedeutet. Der Griffabschluß hat noch die Herzform, während er beim zweiten Schwert aus dem Kr. Kanev, Gouv. Kiew (Tf. 11 e)[2]), ebenso wie der Knauf zu einem einfachen Wulst geworden ist. Beide Kurzschwerter sind Einzelfunde, ebenso wie ein solches von Galuščino, Kr. Čigirinsk[3]).

Am Schluß der Betrachtung dieses Akinakes-Typus ist noch ein Kurzschwert aus Schlesien zu erwähnen, das insofern von besonderem Interesse ist, als es mit dem aus dem Vettersfelder Funde zu den westlichsten skythischen Akinakesfunden gehört. Es handelt sich um den Griffteil eines Akinakes, der in Plohmühle, Kr. Strehlen, gefunden worden ist. Von dem früher in einer Privatsammlung aufbewahrten Stück ist im Museum zu Breslau nur eine Skizze erhalten, die den Typus des Akinakes deutlich erkennen läßt. Der Schwertgriff hat etwa die Form wie Tf. 12d, und gehört demnach wohl in die Zeit vom 5.—4. Jh. v. C.[4])

## b) DIE AKINAKESFORMEN DES DONAULÄNDISCHEN GEBIETES

Das Donauländische Gebiet, Ungarn und das heutige Rumänien, als westliche Kulturprovinz des skythischen Formenkreises ist auch mit einer Reihe interessanter Repräsentanten der Akinakesform mit ovalem und querstabartigem Knauf vertreten, bei denen sich einige lokale Sondererscheinungen bemerkbar machen.

Leider stammen die Funde von Stücken zweifellos skythischen Charakters aus diesen Gebieten zum größten Teil aus Gelegenheitsfunden und die in den letzten Jahrzehnten durch Ausgrabungen gewonnenen Funde sind sämtlich in ihrer Sprache wegen schwer zugänglichen Zeitschriften veröffentlicht. Unter den hier gemachten skythischen Funden, die hauptsächlich aus Bronzekesseln, Spiegeln, den charakteristischen Stangenköpfen und einer großen Anzahl von Pfeilspitzen mannigfaltigster Form bestehen[5]), sind auch eine Reihe von Kurzschwertern vertreten, die zum Teil den entsprechenden Typen aus Südrußland völlig gleich sind, anderseits in einzelnen Fällen starke lokale Abweichungen aufzuweisen haben.

Den Kurzschwertern aus Südrußland vom Typus, der am besten durch die Akinakes von Šumejko und Vettersfelde charakterisiert ist (Tf. 6), steht das bei Pilin, im Neograder Comitat, gefundene und in der Sammlung des Baron Nyary befindliche Kurzschwert äußerst nahe (Tf. 14 b, c)[6]).

Das etwa 40 cm lange Kurzschwert stimmt in der Gestaltung des Griffes und der Klinge mit den eben genannten Beispielen völlig überein. Es hat denselben querstabartigen Knauf sowie den typischen herzförmigen Griffabschluß und die vom oberen Ansatz gleichmäßig spitz zulaufende Klinge mit leichtem Grat und rautenförmigem Querschnitt. Etwas abweichend ist die Griffstange mit ihren nach außen geschwungenen Rändern, die aber wiederum die für den skythischen Akinakes typische Teilung in 3 Längsfelder aufweist. Zu demselben Typus ge-

---

1) Chanenko, Sammlung II, Tf. II, 50.

2) ebd. Tf. II 52.

3) ebd. Tf. II 54.

4) In das 5. Jh. v. C. wird es mit anderen schlesischen Skythenfunden auch vom Museumskustos Herrn Dr. M. Jahn gesetzt, der die erhaltene Zeichnung des Akinakes veröffentlichen wird, und dem ich an dieser Stelle für die mir freundlichst erteilte Auskunft verbindlichst danke.

5) Vgl. J. Hampel, Skythische Denkmäler aus Ungarn. Ethnol. Mitt. aus Ungarn 4 (1895) H. 1; Géza Nagy et Gabriel Teglas, Trouvailles scythiques. Arch. Ert. 33 (1913) (franz. Auszug); P. Reinecke, Die skythischen Altertümer in Mitteleuropa. Zeitschrift für Ethnologie 1896 S. 1ff.

6) Ethnol. Mitt. aus Ungarn 1895 Abb. 18.

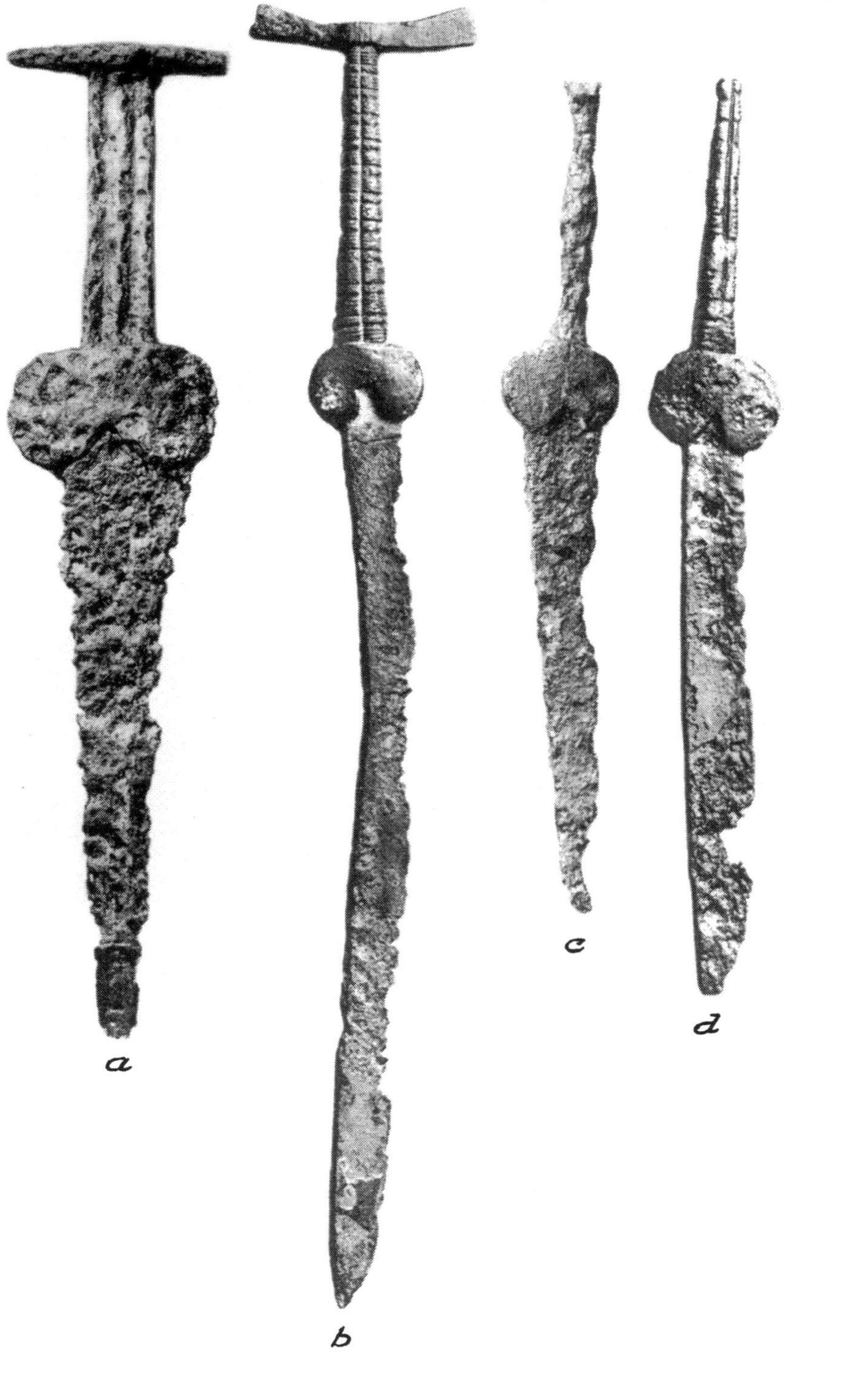

Ungarn: a. Szirma-Besenyö, Kom. Borsod. Im Besitz des Grafen A. Szirmay. — b. Unbekannter Fundort. — c. Magyar-Boros-Benedek, Kom. Alsófehér. — d. Gyöngyös, Kom. Heves. — Nach Photographien.

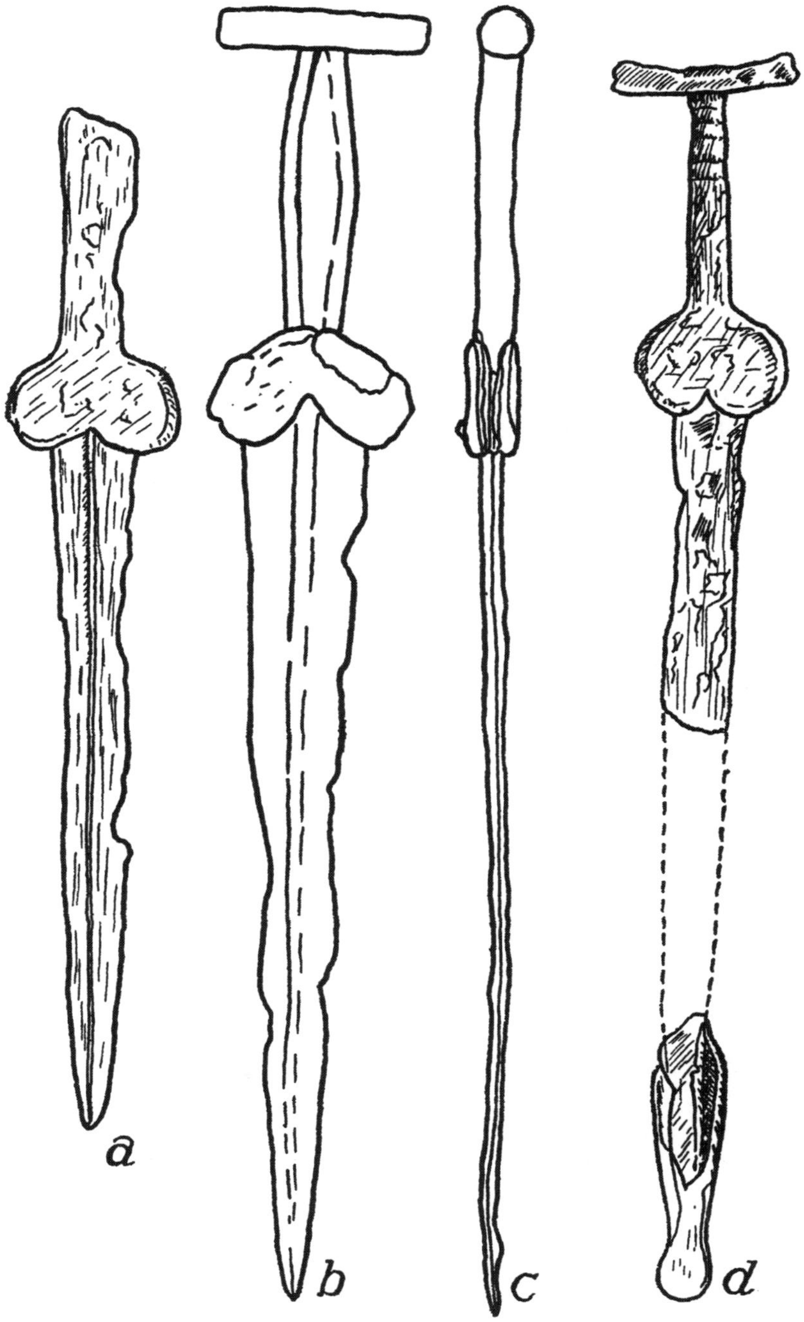


Ungarn und Rumänien: a. Östlich von Segesvár, zwischen den Flüssen Olt und Kükullo. Nach Arch. Ert. 17 (1897) S. 14. — b, c. Pilin, Kom. Neograd. Nach Ethnol. Mitt. aus Ungarn 1895 Ab. 18. — d. Miriszló, Siebenbürgen. Nach Arch. Ert. 18 (1897) S. 67 Abb. 6.

hört auch der Tf. 13 a[1]) abgebildete Akinakes, der nur 24 cm lang ein völliges Gegenstück zu dem ebenfalls sehr kurzen Akinakes von Darievka (Tf. 12 d) darstellt. Etwas abweichend ist nur der hier etwas längere Querstab des Knaufes, der dem von Pilin entspricht, und die in diesem Falle etwas eingezogenen Seiten der Griffstange. Er wurde bei Szirma-Besenyö im Komitat Borsod gefunden und befindet sich im Besitz des Grafen A. Szirmay. Ein ähnliches ebenfalls nur 24,8 cm langes Kurzschwert ist in Rumänien gefunden, auf dem Besitz des Herrn Husarescu am Wege von Paşcani nach Bureni (Distrikt Falticeni), auf dem Höhenzug, der das Tal von Sereth und Moldau trennt.[2]) Die trianguläre Klinge dieses Kurzschwertes ist mit einem Mittelgrat versehen, während der Griffstange die typische Gliederung in Längsfelder zu fehlen scheint. Dieselbe Form hat auch das durch Rost entstellte Kurzschwert (Tf. 14 a)[3]) aus der Sammlung des Gymnasiums von Segesvár, gefunden 1871 östlich vom Orte zwischen den Flüssen Olt und Kküllö, Siebenbürgen, bei dem der Knauf nicht erhalten ist. Ein ähnliches äußerst schlecht erhaltenes Kurzschwert (Länge 25,5 cm) stammt von Magyar-Boros-Benedek (Comitat Alsófehér), Siebenbürgen (Tf. 13 c). Der nur 30 cm lange Akinakes (Tf. 15 d)[4]) vom sog. Eselberg (Szamárhegy) in der Umgebung der ungarischen Stadt Versecz, jetzt im dortigen Museum, hat eine etwas abweichende Gestaltung des Griffes. Die Griffstange ist hier rund und anscheinend nicht gegliedert, während der sehr starke querstabartige Knauf etwas nach oben gebogen ist, eine Erscheinung die bei den skythischen Schwertern in Ungarn häufig auftritt und an die Schwertgriffe mit sichelförmigem Knauf aus Süd- und Ostrußland erinnert. Es ist sehr wohl möglich, darin einen Einfluß der Grifform mit antennenartig aufgebogenem Knauf zu sehen. Diese Schwertform geht ja den Schwertern dieser Gruppe zeitlich parallel und ist auch für dieses Gebiet durch das Schwert von Aldoboly (Tf. 20) bezeugt. Auch die Klinge ist nicht, wie bei den oben erwähnten Schwertern gleichmäßig nach unten verjüngt, sondern hat parallele Seiten, die sich erst im unteren Viertel der Klingenlänge zur Spitze verjüngen. Einige interessante Schwertfunde stammen aus den 1897 bei Nagy-Enyed erforschten Gräbern.[5])

Hier ist ein Schwertgriff zutage getreten, der den südrussischen mit Goldumkleidung, wie wir ihn etwa beim Melgunovschen Schwerte hatten, der Form nach sehr nahe steht (Tf. 15 a)[6]). Die Form des Knaufes ist eine ähnliche, während die rundovale Griffstange auf den beiden flachen Seiten leicht senkrecht geriefelt ist. Der auch hier herzförmig gestaltete Griffabschluß ist etwas abweichend gebildet, indem die beiden Hälften der Herzform nicht in einer Fläche liegen, was ja die Regel ist, sondern leicht dachförmig gewölbt sind. Ein anderer Schwertgriff (Tf. 15 c)[7]) ist nur ganz fragmentarisch erhalten, so daß nur die deutlich erkennbare herzförmige Gestaltung des Griffabschluß die Akinakesform dieses Schwertes bestimmt. Aus Miriszló, Siebenbürgen, jetzt im Museum zu Nagy-Enyed, stammt auch ein Schwert, welches seiner Klingenform wegen mit einigen anderen Schwertern aus Ungarn eine besondere Gruppe bildet, die augenscheinlich eine ungarische Lokalform des skythischen Akinakes darstellt. Der Griff dieses Schwertes (Tf. 14 d)[8]) hat einen etwas nach oben gebogenen den Knauf bildenden Querstab, und eine verhältnismäßig lange runde Griffstange, die auf der oberen Hälfte Einschnürungen aufweist.

---

[1]) Arch. Ert. 17 (1897) S. 20, Abb. 10.
[2]) Zeitschrift, Dacia 2 (1925) S. 418 Abb. 1.
[3]) Arch. Ert. 17 (1897) S. 14 Abb. 1.
[4]) ebd. 1898 S. 408 Abb. 1.
[5]) Arch. Ert. 17 (1897) S. 63 ff.; ebd. 18 (1898) S. 267 ff.; Travaux de la sect. num. et archéol. du Musée Nat. de Transylvanie à Koloszvar 5 (1914) S. 13 f.
[6]) Arch. Ert. 18 (1898) S. 269 Abb. 2a.
[7]) ebd. 17 (1897) S. 64 Abb. 3, 1.
[8]) ebd. S. 67 Abb. 6.

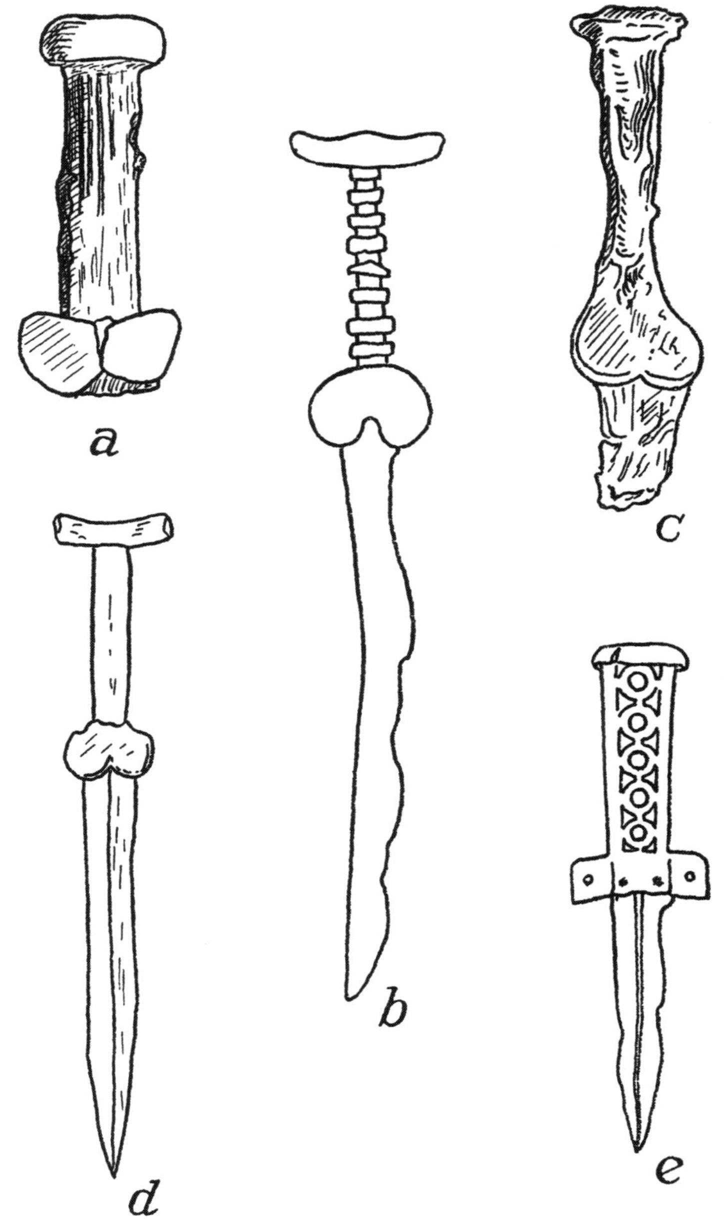


ngarn und Rumänien: a. Nagy-Enyed. Nach Arch. Ert. 1898 S. 269, Abb. 2a. — . Komitat Bereg. Nach Ethnol. Mitt. aus Ungarn 1895 Abb. 17. — c. Nagy-Enyed. Nach rch. Ert. 1897 S. 64 Abb. 3, 1. — d. Umgebung der Stadt Versecz (sog. „Eselsberg"), zamárhegy. Nach ebd. 1898 S. 408 Abb. 1. — e. Wahrscheinlich aus der Gegend des Mátra-Gebirges. Nach ebd. S. 53 Abb. 15.

Der Griffabschluß ist von gewöhnlicher Form. Charakteristisch für diese Schwerter ist die einschneidige Klinge, die, was besonders hervorzuheben ist, nicht in der Längsachse der Griffstange liegt, sondern zur letzteren im leichten Winkel nach innen gesetzt ist. Ebenso ist die Klinge nicht völlig gerade gebildet, sondern ganz wenig nach innen gebogen. Diese Umwandlung der skythischen Akinakesform bei diesen Schwertern ist von größtem Interesse, da sie für den ganzen Charakter der Waffe ausschlaggebend ist. Während der skythisch-persische Akinakes immer seinem Prinzip nach eine Stichwaffe ist, welche natürlich besonders bei längeren Schwertern auch zum Hieb benutzt werden kann, wie es ja auch z. B. die Skythendarstellung auf dem Gorytbelag von Solocha (Tf. 8) zeigt, haben wir es hier mit einer ausgesprochenen Hiebwaffe zu tun. Der kurze mehr dolchartige skythische Akinakes ist bei dieser lokalen Sondergruppe zum Hiebmesser geworden. Dieser Gestaltung der Schwerter zu einschneidigen Hiebwaffen entsprechen in der hier in Betracht kommenden Zeit nur das keltische Hiebmesser, die Falcata, und die Kopis (**κοπίς**) der Griechen. Wir werden die Frage der Entstehung dieser einschneidigen säbelartigen Form bei der Behandlung einschneidiger Schwerter aus Südrußland näher erörtern.

Von der Scheide dieses Schwertes ist nur das Ortband aus Bronze erhalten, das eine der Klingenspitze entsprechende, sich verjüngende Form hat, sich unten aber zu einer flachrunden Scheibe erweitert. Ähnliche Ortbandformen werden wir noch bei den russischen Scheidenformen genauer zu betrachten haben (vgl. z. B. die Scheiden des Buerova- und des Prochorovka-Schwertes; Tf. 23 a, b, f). Ein anderes einschneidiges Schwert, bei dem die eben erwähnten Grundsätze der Schwertgestaltung besonders klar hervortreten, stammt aus den von Marton untersuchten Gräbern mit Brandbestattung von Gyöngyös, Comitat Heves.[1]) Das Schwert (Tf. 13 d) hat ganz die Form der eben erwähnten, nur fehlt hier der Knauf und die ebenfalls runde, ziemlich lange Griffstange ist feiner, durch Wülste und geriefelte Flächen dazwischen, gegliedert. Dieselbe Form hat ein 39,7 cm langes Kurzschwert unbekannten Fundortes (im Nationalmuseum zu Budapest), bei welchem auch der nach oben gebogene querstangenartige Knauf dieser Schwertgruppe gut erhalten ist (Tf. 13 b). Das vierte mir bekannte einschneidige Schwert stammt aus dem Comitate Bereg und befindet sich im Privatbesitz. Das Schwert (Tf. 15 b), das den beiden andern entsprechend gebildet ist, hat die nach oben gebogene Querstabform des Knaufes. Die Griffstange ist durch 8 herumlaufende starke Ringe profiliert, deren Zwischenfurchen ursprünglich wohl mit einer Füllung aus vergänglichem Material versehen waren. Diese den skythischen Akinakesformen sonst unbekannte Art der Gliederung des Griffes durch Querrieflung, Wülste oder Ringe scheint für diese Gruppe einschneidiger Schwerter, bei der sie konsequent auftritt, bezeichnend zu sein. Von den ungarischen Schwertern ist hier noch eines Dolches zu gedenken, der angeblich aus der Gegend des Mátra-Gebirges stammt (Tf. 15 e; jetzt im Museum der Touristen-Gesellschaft zu Gyöngyös). Die sehr kurze zweischneidige, mit einem Grat versehene Klinge hat einen Griff, dessen Abschluß zwar nicht die ausgesprochene Herzform aufweist, aber mit seiner etwas nach unten geknickten Form eine gewisse Verwandtschaft mit ihr nicht verleugnen kann. Ähnlich geknickte Formen des Griffabschlusses sind bei den späteren Entwicklungsstadien des skythischen Akinakes in Südrußland nicht selten. Für seine Beziehungen zu den Akinakesformen spricht auch die Gestaltung des Griffes. Die Griffstange ist flach und zeigt wieder die Dreiteilung des Griffes in senkrechte Felder, deren mittleres hier bezeichnenderweise durchbrochen ist.

---

[1]) Arch. Ert. 28 (1908) S. 37ff. Abb. S. 45 Tf. 2, 5. Ungarisches Nationalmuseum, Führer durch die Altertumsabteilung, Budapest. 1911 S. 63.

Die im Verhältnis zu Südrußland äußerst geringe Zahl von uns erhaltenen und bekannten Schwertern hat, wie wir gesehen haben, eine ganze Reihe sehr interessanter Züge aufzuweisen. Wir haben es bei dieser Schwertform mit querstabartigem Griff hauptsächlich mit zwei Gruppen zu tun. Die eine stimmt völlig mit den südrussischen Schwertern dieser Art überein und ihre Formen sind mit solchen aus Südrußland fast identisch. Die zweite Gruppe stellt eine lokale Sonderentwicklung des skythischen Akinakes auf ungarischem Boden dar und hat als solche in dieser Ausbildung in Südrußland keine Gegenstücke aufzuweisen. Die wenigen einschneidigen Kurzschwerter, die in Südrußland gefunden wurden und bei denen die Klingen leider nicht erhalten sind, scheinen von ganz anderem Charakter und von dem Grundtypus des skythisch-persischen Akinakes nur wenig abzuweichen.

Über die zeitliche Stellung der in Ungarn gefundenen Schwerter läßt sich leider vorläufig nichts Bestimmtes sagen. Selbst die wenigen Bestattungen, aus denen skythische Schwerter zutage getreten sind, bieten für ihre zeitliche Festlegung keine sicheren Anhaltspunkte, da der für die Datierung der südrussischen Funde so wichtige griechische Import von Metallsachen und Keramik hier seltsamerweise vollständig fehlt [1]). Wir sind darum für die Zeitbestimmung ganz auf die Schwerter selbst und ihre Begleitformen in den Gräbern von skythischem Charakter angewiesen, was bei den Formen, die einen rein lokalen Charakter aufweisen, wie z. B. den einschneidigen Kurzschwertern sehr schwierig ist. Eine genaue zeitliche Festsetzung der einzelnen Typen ist daher nicht möglich, besonders da es für Ungarn gerade auf diesem Gebiet an den nötigen Vorarbeiten und Einzelstudien fehlt. Hervorzuheben sind die noch nicht geklärten Fragen der Beziehungen zum Westen, besonders der Hallstatt- und La Tène-Formen, die hier stark vertreten sind und zusammen mit den Reminiszenzen an die bronzezeitlichen Formen Ungarns, sowie den hier erwähnten Formen östlicher Provenienz, das Charakteristische der Kultur der vorchristlichen Eisenzeit dieses Gebietes bilden.[2]) Die ungarischen Kurzschwerter vom Šumejko-Typus (Tf. 13 a), die völlig entsprechende Gegenstücke in Südrußland, besonders im Kiewschen Gebiet, haben, werden wohl mit ziemlicher Sicherheit ihnen auch zeitlich entsprechen und so in das 5.—3. Jh. zu setzen sein. Näher auf die Datierung der einzelnen Varianten dieser Schwerter einzugehen ist nicht möglich, da die Entwicklung und zeitliche Abfolge der Formen in den Einzelheiten selbst auf südrussischem Gebiet noch nicht zu verfolgen sind. Die ungarischen Lokalformen wie die erwähnten einschneidigen Kurzschwerter werden im allgemeinen den eigentlich skythischen Formen zeitlich parallel gehen. Dafür sprechen einzelne gleichartige Erscheinungen bei beiden Gruppen, besonders der auch bei den einschneidigen Kurzschwertern querstabartige Griffknauf.

## c) DER AKINAKES MIT FLACHOVALEM KNAUF

In Südrußland erscheint schon in der zweiten Hälfte des 4. Jh. vor C. aber besonders im 3. Jh. eine Akinakesform, die man sofort als eine Sonderentwicklung oder auch Weiterentwicklung der Schwerter der bisher behandelten Gruppe erkennt.

[1]) Der griechische Handel von den Küstenstädten des Schwarzen Meeres reicht zwar auch in Südrußland nicht sehr tief ins Binnenland. Trotzdem können unter Umständen griechische Sachen sehr weit von ihrem Herstellungsort zutage treten. Überraschende Beispiele dafür bieten die von der Kozlovschen Expedition 1924/5 gemachten Funde von Noin Ula im Gebiet der Selenga. Hier wurden in Gräbern u. a. griechische Textilien gefunden, die sicher aus den südrussischen Griechenkolonien stammen, da ganz ähnliche Stoffe aus skythischen und bosporanischen Gräbern bekannt sind (z. B. Otčet 1878—79 Atlas Tf. III—IV). Vgl. darüber: Comptes rendus des expéditions pour l'exploration du Nord de la Mongolie, rattachées à l'expedition Mongolo-Tibétaire de P. K. Kozlov. Leningrad 1925 und Ebert, Reallexikon s. v. Noin Ula.

[2]) Vgl. dazu u. a. Ecaterina Dunăreanu-Vulpe, L'espansione delle civiltà italiche verso l'oriente danubiano nella prima età del ferro. Ephemeris Dacoromana 3 (1925) S. 58ff.

Der bekannte Kurgan von Čertomlyk allein hat 5 solcher Kurzschwerter geliefert. In der Grabkammer III befanden sich an der linken Seite des zweiten Skelettes die Bruchstücke eines Akinakes mit goldumkleideten Griff (Tf. 17 b, c)[1]) und einem etwa 17 cm langem goldenem Ortband. Der verhältnismäßig gut erhaltene etwa 13 cm lange Schwertgriff, fällt im Vergleich mit den bisher besprochenen Stücken durch die überaus flache Form auf. Der Knauf ist scheibenartig, von länglich ovaler Form, mit einem eine scharfe Kante bildenden Rand, ebenso ist die Griffstange mit nach außen geschweiften Rändern stark abgeflacht. Der Griffabschluß ist fast zu einem Dreieck umgebildet, dessen untere Seite herzförmig geschwungen ist. Die Klinge ist nicht erhalten, war aber wie der sich unter den Griff etwas fortsetzende Goldbelag zeigt, mit zwei Blutrillen versehen. Das Dreieck des Griffabschlusses füllen zwei symmetrisch angeordnete, geflügelte Greifen oder Drachen, während die Griffstange der Länge nach mit einen liegenden Hirsch verziert ist, der nicht die gewöhnliche geschlossene Form mit dem über den Rücken liegenden Geweih hat, sondern das Geweih ist hier, um den Raum zu füllen, nach vorne gezwängt. Die Darstellung auf dem Knauf ist beschädigt und nicht sicher zu erkennen, bestand aber wohl aus einem laufenden Tier mit zurückgewandtem Kopf. Die Ausführung ist keine sorgfältige und der ganze Charakter der Tierornamentik ein aufgelöster und verwahrloster. Es ist ein Arbeiten mit konventionellen überlebten Ziermotiven ohne gestaltendes Formgefühl. Ein dem beschriebenen ganz ähnliches Kurzschwert wurde auch bei der Nische „F" der Kammer V dieses Kurgans gefunden. In derselben Kammer, in der Nische „K"[2]), wo auch der schon behandelte schöne persische Akinakes gefunden wurde und wo sich auch die prächtige griechisch gearbeitete Schwertscheide befand, steckten in der Wand noch 3 Kurzschwerter, deren Griffe, von den verrosteten Klingen abgebrochen, am Boden lagen[3]). Diese Schwertgriffe haben genau die Form des oben beschriebenen, von dem sie nur in Einzelheiten abweichen. Das am besten erhaltene Schwert (Der Schwertgriff: Tf. 17 c)[4]) hat eine schlanke Form mit sich stark verjüngender, in eine schmale Spitze auslaufender Klinge. Der Griff hat dieselbe Verzierung, nur befindet sich auf der Griffstange hinter dem Hirsch noch ein Vierfüßler. Die beiden anderen Schwerter sind schlechter erhalten, stimmen aber in der Form und Verzierung mit den oben genannten überein.[5])

Die eben beschriebenen Kurzschwerter aus dem Čertomlyker Kurgan repräsentieren eine Grifform, die zweifellos nur eine Umwandlung der in diesem Abschnitt behandelten Akinakesgriffe mit querriegelartigem Knauf darstellt. Der Knauf hat hier eine flache ovale Form bekommen, wie ja überhaupt der Unterschied dieser Akinakesgriffe von den vorhergehenden hauptsächlich in der allgemeinen Verflachung der Form und ihrer ganz anderen, anscheinend gar nicht dem Zweck entsprechenden Ausführung besteht. Diese für Schwertgriffe ungeeignete flache Form gibt dem Schwert das Gepräge eines Schaustückes, das als eigentliche Waffe kaum in Betracht kommt. Die Unzweckmäßigkeit solch einer Schwertgrifform beweist schon der Umstand, daß sie unverändert ebensogut bei Toiletten-Gegenständen, wie Spiegeln Verwendung findet. Der Griff des Bronzespiegels aus dem Kul-Oba-Kurgan

---

[1]) Antiquités de la Scythie S. 109 Atlas Tf. XXXVII, 3; Materialy 34 (1914) Tf. V 6; Ebert, Südrußland S. 149; Rostovcev, Skythien S. 427.

[2]) Vgl. den Plan des Kurgans Ebert, Südrußland S. 147, Abb. 59; Minns, Scythians S. 156 Abb. 43.

[3]) Antiquités de la Scythie S. 116.

[4]) ebd. Atlas Tf. XL 12; Materialy 34 (1914) Tf. V 4. Minns, Scythians S. 163 Abb. 52.

[5]) Antiquités de la Scythie Atlas Tf. XL 9, 14. Rostovcev, Materialy 37 (1918) S. 54 erwähnt ein noch nicht publiziertes Schwert mit einer Scheide ähnlich der von Tomakovka. Es wären danach im ganzen 7 solcher Schwerter aus dem Čertomlyker Kurgan bekannt.

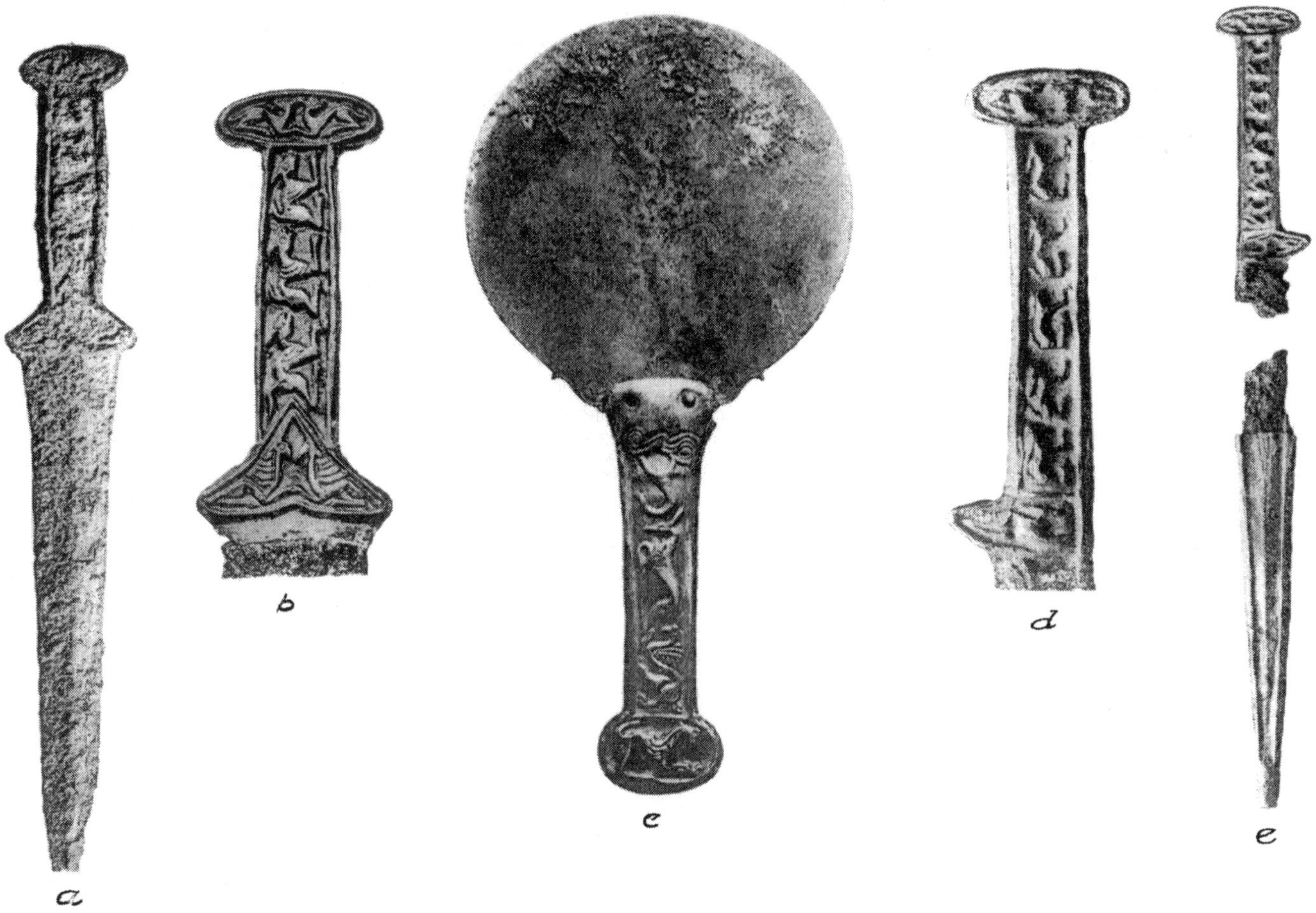


**Kurzschwerter mit flachovalem Knauf:** a. Akinakes aus dem Kr. Dubno, Gouv. Wolhynien. Nach Chanenko, Collection II Tf. XXXVIII Nr. 167. — b. Goldbekleideter Akinakesgriff von „Častyja Kurgany" bei Voronež. Nach Materialy 1914 Tf. II 5. — c. Bronzespiegel mit goldumkleidetem Griff aus dem Kul Oba. Nach ebenda Tf. V. — d, e. Akinakes mit goldumkleidetem Griff und goldenem Ortband von Tur, Kr. Čigirinsk, Gouv. Kiew. Nach Izvěstija 35 (1910) Abb. 8, 8a.

(Tf. 16 c)[1]) hat genau dieselbe Form und Verzierung wie diese Schwertgriffe. Des charakteristischen flachovalen Griffknaufs wegen will ich diese Abart als mit „ovalem Knauf" versehen bezeichnen.

Ein solcher mit Goldfolie umkleideter Akinakesgriff mit ovalem Knauf stammt aus dem von Ašik 1839 bei Kerč auf dem Grundstück des Mirza Kekuvatskij entdeckten Kurgan (Tf. 17 a)[2]). Er steht in Form und Verzierung den Čertomlyker Schwertgriffen äußerst nahe, unterscheidet sich aber durch den trapezartigen Griffabschluß, den ein mit zurückgewandtem Kopf nach rechts laufendes Tier füllt. Die Griffstange ziert wie bei den vorhergehenden Schwertern der Hirsch mit dem charakteristisch nach vorne gebogenen Geweih, während den Knauf ein laufender Hase füllt. Dieser Akinakes ist durch die im Grabe gefundene bekannte rotfigurige Pelike vom sog. Kerčer Stil mit der Darstellung des Apollon und des Marsias auf der einen und einer Toilettenszene auf der anderen Seite in die zweite Hälfte des 4. Jh. datiert.[3]) Ungefähr in dieselbe Zeit gehört der Akinakes aus dem, wegen des dort gefundenen vergoldeten Silbergefäßes mit den Skythendarstellungen berühmt gewordenen Kurganes bei Voronež[4]). In der „Častyja Kurgany" („Häufige Kurgane") genannten Gegend wurden 1910 und 1911 von der Voronežer gelehrten Archivkommission mehrere Hügel ausgegraben. Die dritte Bestattung enthielt außer dem erwähnten Silbergefäß und anderen Gegenständen auch einen gut erhaltenen Akinakes (Tf. 16 b)[5]). Den ovalen Knauf zieren zwei symmetrisch angeordnete Tiere mit zurückgewandtem Kopf. Der fast dreieckig gestaltete Griffabschluß ist wie bei den Čertomlyker Griffen mit zwei Greifen gefüllt. Die Griffstange zieren drei hintereinander gereihte Hasen. Auch die Form der Klinge stimmt mit der von Čertomlyk überein. Ein ähnlicher Akinakes befindet sich in der Sammlung Chanenko, aus dem Kreis Dubno, im Gouvernement Wolhynien (Tf. 16 a)[6]). Die Form und anscheinend auch die Verzierung schließt sich den vorhergehenden Schwertgriffen an, nur ist der ovale Knauf hier nicht wie bei den andern Schwertern durch den herumlaufenden Rand von der Griffstange abgegliedert, sondern bildet mit ihr eine zusammenhängende Fläche. Der Goldbelag, der ursprünglich wohl auch hier vorhanden gewesen sein wird, fehlt, und die Darstellungen im Relief auf der durch Rost beschädigten Oberfläche sind nicht deutlich erkennbar.

Das einzige mir aus dem Kubangebiet bekannte Schwert dieser Art ist, wenn der sehr fragmentarische Zustand des Griffes nicht täuscht, der Akinakes aus dem Kurgan von Karagodeuašch.[7]) Das durch Rost zerfressene Kurzschwert befand sich an der linken Seite des Skelettes. Der mit Goldblech belegte Griff ist unverziert, scheint aber den ovalen Knauf und den dreieckigen oder trapezförmigen Griffabschluß gehabt zu haben. Eine mir nur aus zwei Beispielen bekannte Abart der eben behandelten Kurzschwerter mit ovalem Knauf unterscheidet sich scharf durch die unsymmetrische Bildung des Griffes. Der Knauf hat die gewöhnliche ovale Form, ebenso die ziemlich schmale mit geraden Seiten versehene Griffstange. Ganz abweichend ist der Griffabschluß, der den Griff und die Klinge nur auf der einen Seite

---

[1]) Materialy 34 (1914) Tf. V 5; Minns, Scythians S. 201 Abb. 95.

[2]) Antiquités du Bosphore Cimmérien I, LXVIII, Tf. XXVII 9; Materialy 34 (1914) Tf. V 3; Rostovcev, Skythien S. 192.

[3]) Auch eine Amphora mit einem Stempel, wie er auch auf Amphoren aus dem Kul-Oba vorkommt, soll im Grabe gefunden sein. Vgl. Antiquités du Bosphore Cimmérien I, LXVIII; Rostovcev, Materialy 34 (1914) S. 90; ders., Skythien S. 193.

[4]) Materialy 34 (1914) S. 79—93; Ebert, Südrußland S. 174; Rostovcev, Skythien S. 537.

[5]) Materialy 34 (1914) Tf. V 2; Rostovcev, Skythien S. 537f.

[6]) Chanenko, Sammlung III, Tf. XXXVIII 167.

[7]) Materialy 13 (1894) Tf. V 4; Ebert, Südrußland S. 143; Minns, Scythians S. 221; Rostovcev, Skythien S. 363.

parierstangenartig überragt, während die andere Seite in der Verlängerung des Griffstangenrandes glatt abgeschnitten ist. Nach dieser unsymmetrischen Form des Schwertgriffes zu urteilen, muß die nur in Resten erhaltene Klinge einschneidig gewesen sein, und wir hätten dann in diesen Schwertern Gegenstücke zu den einschneidigen Kurzschwertern aus Ungarn (Tf. 13 b, d). Das eine dieser Schwerter wurde von Bobrinskoj 1908 im Kreise Čigirinsk, Gouv. Kiew, in einem Kurgan gefunden, der eine interessante ungestörte Bestattung enthielt. Der Akinakes (Tf. 16 d, e)[1]) befand sich an der rechten Seite des einen Skelettes und weist die eben beschriebene Griffform auf. Der Griffabschluß bildet ein spitzes, auf der einen Seite in der Verlängerung des Griffstangenrandes abgeschnittenes Oval, auf dem sich die Darstellung eines Hasen befindet. Fünf aneinandergereihte Hasen bedecken auch die schmale Griffstange, ganz in der Weise wie wir es schon beim Akinakesgriff aus dem Kurgan bei Voronež fanden. Der Griff ist mit Gold umkleidet, die Schwertklinge hat eine Holzscheide, die unten mit einem langen, fast spitz auslaufenden Ortband aus Elektron versehen war. Dieses Ortband steht durch die dachförmigen Seiten mit abgesetzten Rändern in einem gewissen Widerspruch zu der unsymmetrischen Gestaltung des Griffes und bildet eine späte Parallele zu den Ortbändern der Kurzschwerter der archaischen Gruppe (z. B. Vettersfelde; Tf. 5 c). Ein Schwert mit Scheidenresten und einem ähnlichen Ortband aus Bronze ist in einem ,,Staršaja Mogila" (älteres Grab) genannten Kurgan der Aksjutincer Gruppe gefunden worden.[2]) Das zweite Schwert mit einem dem ebenerwähnten sehr ähnlichen Griff soll auch von Bobrinskoj im Kreise Čigirinsk gefunden sein (Tf. 17 d)[3]) und unterscheidet sich von dem andern durch den mehr trapezförmig gebildeten Griffabschluß und die sehr flüchtige Ausführung. Die Anordnung der Verzierung des ebenfalls mit Goldblech belegten Griffes ist genau dieselbe wie beim vorhergehenden Stück.

Ein einschneidiges Kurzschwert, das nach der Beschreibung den zuletzt genannten aus dem Kr. Čigirinsk sehr nahe steht, wurde in einem Kurgan in Novo-Nikolajevka bei Melitopol gefunden.[4]) Interessant und eigenartig ist der Griff eines anderen Schwertes aus demselben Kurgan. Der Kern dieses Griffes ist aus Eisen und in einem Stück mit der Klinge gearbeitet. Die Griffumkleidung bestand aus Holz mit Knochen und Bronzeverzierung. Auch die Schwertscheide war mit ähnlichen Verzierungen aus Knochen versehen. Die Bestattung ist mit denen des Kul-Oba-Kurgans gleichzeitig, da hier Goldbleche mit der Darstellung des einen Löwen würgenden Mannes solchen aus dem Kul-Oba-Kurgan entsprechen.[5])

Der Akinakes, soweit er uns aus skythischen und persischen Denkmälern und Funden bekannt ist, hat in der Regel immer eine gerade zweischneidige Klinge. Eine Ausnahme bilden die zuletzt erwähnten Kurzschwerter aus Südrußland und die ungarische Lokalform, die einschneidig sind. Welche Ursachen und Einflüsse zu dieser für den Charakter der Waffe so wichtige Umwandlung der Klingenform geführt haben, ist schwer zu bestimmen. Von einschneidigen Schwertern anderer Kulturkreise, deren etwaiger Einfluß hier in Betracht käme und die in verschiedenen Ländern Europas auftreten, sind besonders zu erwähnen das keltische Hiebmesser und die ,,Kopis" (κοπίς) oder ,,Machaira" (μάχαιρα) der Griechen. Letztere wahrscheinlich östlichen Ursprungs, ist auch im Westen vertreten und in Spanien in

---

[1]) Bobrinskoj, Izvěstija 35 (1910) Abb. 8, 8 a. (Die Länge des Schwertes soll ursprünglich 70 cm betragen haben); Rostovcev, Skythien S. 489.

[2]) Rostovcev, Skythien S. 518; Trudy (Arbeiten) des VIII. archäol. Kongresses. Moskau 1897 S. 154.

[3]) Rostovcev, Materialy 34 (1914) S. 89. Tf. V 1, identifiziert diesen irrtümlicherweise mit dem vorhergehenden, von Bobrinskoj, Izvěstija 35 S. 70 Abb. 8 a publizierten.

[4]) Otčet 1889 S. 16ff.; ebd. 1890 S. 14ff.; ebd. 1891 S. 69ff.; Beschreibung des Schwertes bei Rostovcev, Skythien S. 426.

[5]) Otčet 1890 S. 14 Abb. 6; ebd. 1891 S. 71 Abb. 50.

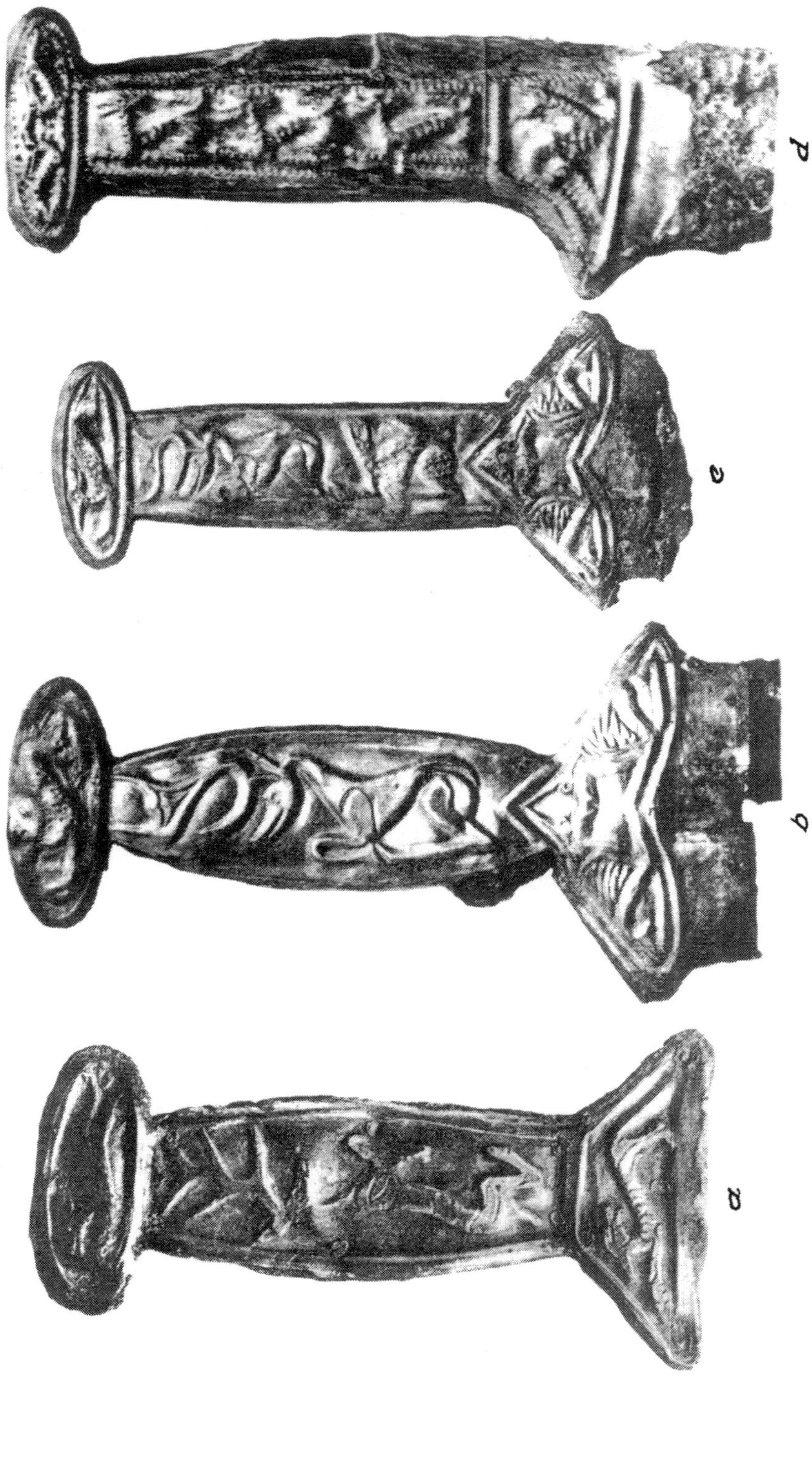


**Akinakesgriffe mit flachovalem Knauf:** a. Sog. Kurgan des Mirza Kekuvatskij, Kerč. — b, c. Čertomlyk. — d. Nicht feststellbarer Fundort in Südrußland. — Nach Materialy 1914 Tf. V

den den Keltiberern[1]) zugeschriebenen Nekropolen häufig. Aus Südrußland als eigentlich skythischem Gebiet ist keine dieser einschneidigen Formen bekannt, ebensowenig sind andere lokale einschneidige Schwerter aus skythischer oder vorskythischer Zeit vertreten. Eine entfernte Ähnlichkeit der Griffe der südrussischen einschneidigen Kurzschwerter (Tf. 16, d, e; 17 d) mit späthallstättischen Formen ist wohl eine zufällige[2]), auch fehlt es an zeitlichen Zwischenstufen, da die südrussischen einschneidigen Schwerter alle erst dem Ausgange des 4. Jh. vor C. angehören.

Während sich der einschneidige Akinakes aus Südrußland von der zweischneidigen Grundform nur durch die einschneidige, ebenfalls gerade Klinge und der damit im Zusammenhang stehenden unsymmetrischen Umwandlung des Griffabschlusses unterscheidet und anscheinend sehr selten ist, bildet die schon betrachtete ungarische einschneidige Lokalform eine ihrem Charakter nach selbständige Gruppe, die im Verhältnis zu den bekannten doppelschneidigen Formen aus Ungarn recht stark vertreten ist (Tf. 13 b, d, 15 b). Da, wie schon erwähnt wurde, griechischer Import hier im Gegensatz zum Pontusgebiet nicht vorhanden ist, so kommt eine etwaige Beeinflussung durch die genannte griechische Kopis nicht in Betracht.[3]) Dagegen wäre hier mit einschneidigen latènezeitlichen keltischen Hiebmessern zu rechnen, mit denen sie den im leichten Winkel zur Klingenrichtung gesetzten Griff gemein haben, ebenso ist die Klinge nicht wie bei den südrussischen Exemplaren gerade gebildet, sondern leicht nach innen gebogen. Die Klinge des Schwertes von Bereg (Tf. 15 b) scheint, wenn der schlechte Erhaltungszustand nicht täuscht, säbelartig zu sein.

Eine spontane selbständige Entwicklung der einschneidigen skythischen Kurzschwertform aus rein zweckmäßigen, bewaffnungstechnischen Gründen ist natürlich ebenfalls nicht ausgeschlossen. Für eine befriedigende Lösung dieser Frage nach der Beeinflussung durch andere einschneidige Formen wäre eine Zusammenstellung des ganzen Fundmaterials der in Betracht kommenden Gebiete notwendig, was hier nicht möglich ist.

Die südrussischen Kurzschwerter mit flachovalem Knauf bilden der Grifform wie dem Stil und der Art der Verzierung nach eine geschlossene Gruppe, die zeitlich etwa der zweiten Hälfte des 4. und der ersten Hälfte des 3. Jh. angehört. Für die zeitliche Festlegung bestimmend sind die Schwerter aus dem Kurgan von Voronež und dem des Mirza Kekuvatzkij — zweite Hälfte des 4. Jh. und die Čertomlyker Exemplare — sowie der Spiegelgriff aus dem Kul-Oba — Anfang des 3. Jh. Feste zeitliche Grenzen lassen sich bei der verhältnismäßig geringen Zahl dieser Schwerter nicht ziehen und es ist z. B. sehr wohl möglich, daß diese Form sich das ganze 3. Jh. gehalten hat.

Bei der Verzierung der Akinakesgriffe mit den geläufigen Motiven der skythischen Tierornamentik, wie Greifen, Hirsche, Hasen u. a., sind zwei Arten der Anordnung zu unterscheiden. Der von der Gebrauchsform gegebene Raum wird mit einer Tierfigur geziert, die, um die Fläche zu füllen, je nach Bedarf gedehnt und gestreckt wird, oder es wird ein einzelnes Motiv, in unserem Falle häufig ein

---

[1]) Vgl. A. Schulten, Numantia I. München 1914 S. 213f.; P. Bosch-Gimpera, Präh. Ztschr. 15 (1924) S. 126. — Ob die Falcata oder Machaira hier von den Griechen übernommen ist, wie es z. B. Déchelette annimmt, oder sich aus einschneidigen Späthallstattypen entwickelt hat, ist strittig.

[2]) Vgl. z. B. die einschneidigen Antennendolche: Déchelette, Manuel d'archéol. préhist. II (1913) Abb. 280, 7; 283, 244.

[3]) Gemeint ist das doppelt geschweifte, griechische, säbelartige Hiebschwert, das aus Funden und zahlreichen Vasenbildern bekannt ist und schon im 6. Jh. v. C. auftritt. Vgl. z. B. Furtwängler-Reichhold, Griech. Vasenmalerei Tf. 26—28, 34, 55, 58, 86, 111, 116, 117, 128—129; A. E. Remouchamps, Griechische Dolch- und Schwertformen. Leiden 1926 S. 40ff.

Hase, so viele Male wiederholt, als nötig ist, um das Feld zu bedecken. Die Tendenz, möglichst keine freien Flächen zu lassen, im Sinne eines „horror vacui" ist für die südrussische Tierornamentik immer bezeichnend. Beispiele der erstgenannten Verzierungsweise bilden die Griffstangen der Schwerter von Čertomlyk, das des Mirza Kekuvatskij und der Spiegelgriff aus dem Kul-Oba (Tf. 16 c; 17 a—c), die alle die ruhende Hirschfigur zeigen, bei der das Geweih der raumfüllenden Verwendung gemäß nach vorn gebogen ist. Die andere Anordnung ist bei den Griffen von Voronež und Čigirinsk (Tf. 16 b, d, e) vertreten, indem hier ein Tier, gewöhnlich der Hase, aneinander- oder übereinander gereiht, wiederholt wird. Der Knauf und der Griffabschluß ist immer mit einem laufenden Tier, gewöhnlich mit zurückgewandtem Kopf, oder mit zwei heraldisch angeordneten Tieren gefüllt. Alle diese Kompositionsschemata sind schon voll ausgebildet bei den ältesten Kurzschwertern der archaischen Gruppe vertreten.

### d) ZUSAMMENFASSUNG DER AKINAKESGRUPPE MIT OVALEM UND QUERSTABARTIGEM KNAUF

Wenn wir die einzelnen Züge der hier behandelten Akinakesform zusammenfassen, so ergibt sich folgendes. Die ältesten Schwerter stammen aus dem 6. Jh. v. C. und umfassen räumlich trotz ihrer äußerst geringen Zahl den ganzen skythischen Formenkreis in seiner größten Ausdehnung. Vertreten sind das Kubangebiet mit dem Kurgan von Kelermes, das Dondelta mit der Scheide von Jelisavetovskaja, die Romensche Gruppe (Šumejko), das Dnjepr-Bug-Gebiet (Melgunov) und den westlichsten Ausläufer haben wir im Vettersfelder Fund. Es fehlt also aus dieser Zeit nur in Ungarn an Schwertfunden, denn die vorhandenen Schwerter scheinen alle, soweit sie datierbar sind, jüngerer Herkunft zu sein. Die jüngsten Formen dieser Schwerter gehören dem 3. Jh. v. C. an, und erreichen in ihrem spätesten Ausläufer vielleicht auch noch den Anfang des 2. Jh. v. C. Das Verbreitungsgebiet bleibt bei den jüngeren Formen im großen genommen dasselbe. Nur der nach Deutschland verschlagene Akinakes von Vettersfelde und der aus Schlesien (vgl. S. 28) bleiben vereinzelt, indem in der folgenden Zeit die Akinakesfunde im Westen auf Wolhynien und Ungarn beschränkt sind. Die jüngste Form mit dem flachovalen Knauf ist mir auch aus dem Kuban-[1]) und Dongebiet nicht bekannt, was aber bei dem äußerst unvollständigen Fundmaterial und dem wenig erforschten Gebiet, wie es das letztere ist, auf Zufall beruhen kann. Ebenso fehlt sie in Ungarn. Sie scheint ihr Verbreitungszentrum im Dnjeprgebiet zu haben.

Der vollausgebildete Akinakestypus tritt uns schon in den ältesten Funden entgegen und erfährt in den 4 bis 5 Jahrhunderten seines Bestehens verschiedene lokale und auch zeitlich sich folgende Abwandlungen der Grundform. Was aber auffällt, ist das Fehlen einer eigentlichen Entwicklung im Sinne einer allmählichen formalen Ausgestaltung der Waffe nach bestimmten, in allen Stufen erkennbaren Grundsätzen, wie man es z. B. in geradezu logischer Aufeinanderfolge beim nordischen Schwert der Bronzezeit verfolgen kann. An Vorstufen der Akinakesform fehlt es in Südrußland gänzlich. Darüber werde ich noch später näher zu sprechen haben. Der in Form eines länglichen, oft einfach wulstartigen Querstückes mit gewöhnlich ovalem Querschnitt gebildete Knauf wird zuweilen durch Verlängerung der seitlichen Enden zu einem oft ziemlich langen Querstab, der wahrscheinlich unter Einfluß des im folgenden Abschnitt behandelten Antennenknaufes nicht selten etwas nach oben ausgebogen wird. Beide Knaufarten sind zeitlich und räumlich neben-

---

1) Der Schwertgriff von Karagodeuašch, den ich zu dieser Gruppe gezählt habe, ist seiner schlechten Erhaltung wegen der Form nach nicht sicher zu bestimmen.

einander anzutreffen. Die Griffstange hat für gewöhnlich parallel verlaufende Seiten und länglich ovalen Querschnitt. Sie ist der Länge nach in drei, seltener 5 Streifen gegliedert, deren mittlere gewöhnlich vertieft sind, während die äußeren Ränder mit Einschnürungen und Querriefelungen versehen sind, um der Waffe einen festen Halt in der Hand zu geben. Der Griffabschluß ist durchweg herzförmig, aber in der einzelnen Formgebung sehr variabel, zuweilen mehr nierenförmig gestaltet und bei rohen und degenerierten Exemplaren oft zum einfachen Wulst geworden. Der Griff ist gewöhnlich, wie der Akinakes überhaupt, aus Eisen[1]) und bei den häufig prunkhaft ausgestatteten Schwertern mit Goldblech bekleidet, in dem die schon auf dem Eisenkern im Relief befindlichen Verzierungen ausgestanzt sind. Die Verzierungen der Griffstange und des Knaufs sind geometrischer Natur, während das herzförmige Feld des Griffabschlusses mit Tiermotiven gefüllt oder häufiger unverziert ist, da es ja für gewöhnlich durch die Scheide verdeckt wird. Die Scheide ist bei den reich ausgestatteten Schwertern mit Gold umkleidet und reich mit getriebenen Ornamenten des südrussischen Tierstils verziert (Tf. 6, 7, 10 b, 22). Bei einer Abart besteht die Scheide aus zwei besonderen Teilen: einem gewöhnlich massiveren und sehr langen Ortband und einem reich verzierten Belagstück aus dünnem Goldblech für die obere Scheidenhälfte, gewöhnlich nur auf der Vorderseite, da bei der eigenartigen Tragweise die untere Seite nicht sichtbar war. Oben hat die Scheide den charakteristischen seitlichen Ansatz für die Tragöse. Die Ortbänder tragen geometrische Verzierungen in guter griechischer Filigran- und Granulationsarbeit mit Emaileinlagen, und sind vielleicht auf griechischen Einfluß zurückzuführen, da ähnlich verzierte Ortbänder auf griechischen Kriegerdarstellungen anzutreffen sind. Diese Form der Scheide scheint besonders im Anfang des 5. Jh. verbreitet gewesen zu sein, ist aber in einzelnen Fällen auch noch bis in das 3. Jh. v. C. vertreten (Tf. 16 e). Einen selbständigen Charakter der Ausbildung trägt die jüngste hauptsächlich in den Ausgang des 4. und ins 3. Jh. v. C. fallende Abart dieser Akinakesgruppe mit ovalen Knauf. Es ist der Typus mit flachovalem Knauf, der durch die Kurzschwerter von Čertomlyk am besten repräsentiert wird. Der ganze Griff ist hier für eine Waffe unzweckmässig flach geworden. Der seinem Zweck als Waffe wenig entsprechende Charakter dieses Typus ist nur zu erklären, wenn wir annehmen, daß es sich um eine Prunkform handelt, die als Waffe wenig in Betracht kommt, oder wir haben es mit einem für rein funerale Zwecke bestimmten Typus zu tun. Während die funerale Bestimmung bei einigen Kurzschwertern ganz anderer Form und aus späterer Zeit (z. B. Tf. 23 a, b, e, f; 31 f) ihres für den Gebrauch als Waffe ganz unmöglichen Aufbaus wegen unzweideutig ist, haben wir es hier durchaus nicht mit Scheinwaffen zu tun. Kurzschwerter wie die von Voronež, Wolhynien oder Čertomlyk (Tf. 16 a, b; 17 b, c) sind trotz der unzweckmäßigen Gestaltung der Griffe jederzeit auch als Waffe zu respektieren. Da der Akinakes bei den mit Bogen und Lanze bewaffneten reitenden Skythen immer den Charakter einer Hilfswaffe gehabt zu haben scheint, von der man nur im Notfall Gebrauch machte, und wir es gerade bei diesem Typus hauptsächlich mit Exemplaren aus den reich ausgestatteten Kurganen der skythischen Großen zu tun haben, so ist wohl mit Recht anzunehmen, daß diese Schwerter Prunkwaffen skythischer Fürsten sind. Die Gliederung der Griffstange in Zonen ist aufgegeben und das mit schmalen Rändern umrahmte Feld mit Elementen der skythischen Tierornamentik verziert, ebenso der oft fast dreieckig geformte Griffabschluß. Ein Tier füllt auch den ovalen Knauf (Tf. 17).

---

[1]) Bronzegriffe sind selten, und ganz aus Bronze gegossene Schwerter sind, mit Ausnahme des von Tomaševka (Tf. 12 a), nach den bisherigen Veröffentlichungen in Südrußland unbekannt.

Die Klingen der Schwerter weisen zwei Grundformen auf, die unregelmäßig während der ganzen Zeit bei allen Varianten vorkommen. Es ist das eine Klinge mit parallelen oder sich nur wenig verjüngenden Seiten und einer kurzen Spitze oder eine sich gleich vom Griff stark zur Spitze verjüngende trianguläre Form. Daneben sind auch Zwischenstufen dieser Klingenformen vertreten. Alle diese Klingen können flach oder dachförmig sein und ebenso einen mehr oder weniger starken Mittelgrat haben oder auch mit Blutrillen versehen sein. Die Länge der Kurzschwerter beträgt durchschnittlich 50 cm und schwankt gewöhnlich zwischen 40—60 cm.[1])

Die aus Ungarn bekannten Kurzschwerter dieser Gruppe weisen einige lokal gefärbte Sondererscheinungen auf, die hier zu berücksichtigen sind. Sie sind oft bedeutend kürzer als die südrussischen Stücke, denn ihre Länge schwankt bei den deswegen dolchartig anmutenden Exemplaren zwischen 25—40 cm (z. B. Tf. 15). Besonders häufig ist der Knauf in Form einer starken, oft nach oben leicht ausgebogenen Querstange gebildet. Der Griffabschluß ist herzförmig, oft auch nierenförmig (Tf. 15). Der ovale Knauf und der dreieckige Griffabschluß der südrussischen Schwerter der Abart mit flachovalem Knauf fehlt vollständig. Besonders auszuscheiden ist eine Gruppe mit einschneidigen Klingen. Der Knauf ist hier querstabartig und nach oben ausgebogen, während die Griffstange rund und durch umlaufende Ringe oder einfacher Riefelung gegliedert ist, der Griffabschluß behält die schon erwähnten Formen. Die Klinge wird einschneidig mit einem verdickten Rücken gebildet und scheint bei einigen Exemplaren leicht nach innen gebogen zu sein, bei diesen fällt auch der Griff nicht mit der Verlängerung der Längsachse der Klinge zusammen, sondern steht zu ihr im leichten Winkel (Tf. 13 d, 14 d).

Diese zum Hiebschwert umgebildete Form ist möglicherweise durch Beeinflussung von einschneidigen La Tène-Formen her entstanden. Damit sind alle Einzelerscheinungen dieser Akinakesgruppe mit querstabartigem und ovalem Knauf erörtert und wir gehen zu einer Parallelform über, dem skythischen Antennenschwert.

## e) DIE SCHWERTER MIT ANTENNENKNAUF

Eine Sondergruppe des Akinakes bilden die Schwerter mit einem Knauf, der von zwei nach oben gerollten Voluten gebildet wird, und auffällig an die Antennenschwerter der europäischen Bronzezeit und die Antennendolche der Hallstattzeit erinnert. Die Griff- und Klingenformen bleiben dieselben wie bei den Schwertern mit herzförmigem Griffabschluß. Die ältesten datierten Kurzschwerter mit Antennenknauf gehören in das 5. Jh. v. C. Zwei Antennenschwerter dieser Zeit stammen aus den von Ebert auf dem Gute Maricyn im Gouv. Cherson aufgedeckten Gräbern.[2]) Das eine dieser Schwerter (Tf. 18 d)[3]) hat eine Gesamtlänge von 70,1 cm, die Klingenlänge beträgt 56,8 cm bei 4,2 cm Breite. Der Knauf hat die nach oben eingerollten Voluten, sonst bietet die Form nichts Neues. Die Einzelheiten sind wegen der aufgerosteten Holzteile der Scheide und des Griffes nicht genau zu erkennen. Das zweite Kurzschwert[4]) (Tf. 18 a) lag quer über dem linken Oberschenkel des Bestatteten, so daß der Griff auf den rechten Beckenknochen zu liegen kam. Es ist 61,4 cm lang mit aufgerostetem Holzgriff und Holzscheide, auf der ein eisernes Messer aufgerostet ist. Der Knauf läuft in Antennen aus, deren eine abgebrochen war. Dieser Akinakes unterscheidet sich von dem ersteren durch

---

[1]) Längere Schwerter, wie z. B. das 70 cm lange einschneidige von Čigirinsk, sind seltener und gehören gewöhnlich der skythischen Spätzeit in Südrußland an.

[2]) Ebert, Präh. Ztschr. 5 (1913) S. 1—113.

[3]) Ebert, ebd. Kurgan $T_1$ S. 16.

[4]) Ebert, ebd. Kurgan $G_1$ S. 11f.

Kurzschwerter mit Antennenknauf: a. Maricyn, Gouv. Cherson. Aufgerostete Holz-
cheide und aufgerosteter Holzgriffbelag. L. 61,4 cm. Aus Kurgan G 1. Nach Photographie. —
, c. Volkovcy, Kr. Romny, Gouv. Poltawa. Nach Chanenko, Collection II Tf. II Nr. 55, 56. —
. Maricyn, Gouv. Cherson. Holz wie bei a. L. 70,1 cm. Aus Kurgan T 1. Nach Photographie.

seine gedrungene Form und den etwas anders gestalteten Griffabschluß, dessen oberer Rand hier anscheinend gerade ist, während er beim andern eine dachförmig geknickte Form hat. Die Klingen sind flach und augenscheinlich ohne Grat.

Zwei ganz ähnliche Schwerter sind bei Směla gefunden (Tf. 19 a, e)[1]. Die Griffstange des einen ist flach mit erhabenen Rändern und wird ursprünglich mit einem Belag versehen gewesen sein. Der Griffabschluß ist ausgesprochen herzförmig, während er beim andern eine flachgebogene Form hat.

In einem Kurgan beim Dorfe Berestnjaga im Kr. Kanev, Gouv. Kiew[2]), wurde an der rechten Seite des Skelettes ein 86 cm langes Schwert derselben Form gefunden, dessen Holzscheide Spuren einer Umkleidung mit farbigem Stoff zeigte. Die Holzscheide eines solchen Schwertes aus einem Kurgan beim Dorfe Orlovjec, auf dem linken Ufer der Medjanka[3]) war mit sich mehrmals kreuzenden Bändern umwickelt.

Ein stark durch Rost entstelltes Antennenschwert befand sich an der rechten Seite des Skelettes in dem wegen der dort erhaltenen Reste eines Knochenpanzers für die Bewaffnungsfrage wichtigen Kurgan beim Hutor Popovka nahe Směla.[4]) Ein 48 cm langer Akinakes mit Antennenknauf und mit Voluten verzierter Griffstange wurde beim Dorfe Žurovka, Kr. Čigirinsk, Gouv. Kiew, gefunden (Tf. 19 d)[5]). Das Kurzschwert ist gut erhalten und hat eine dachförmig gewölbte Klinge.

Die Art der Antennenbildung kann eine verschiedene sein, indem die aufgerollten Voluten in freie Enden auslaufen, oder solche mit geschlossenen Enden haben, die dann gewissermaßen zwei Ringe bilden. Die letztere Art des Antennenknaufs zeigen z. B. zwei Schwerter der Sammlung Znosko-Borovski (Tf. 21 d)[6]) und der nur erhaltene Knauf eines Akinakes aus einem Kurgan im Kr. Čigirinsk, Gouv. Kiew.[7])

Während die bisher genannten Schwerter mit Antennenknauf aus dem Kiewschen Gebiet stammten, ist hier einiger Schwerter aus dem östlichen Teil der südrussischen Steppe zu gedenken. Von Kosaken wurde in einem Kurgan bei der Magnitnaja Stanica, Kr. Verchne-Uralsk, Gouv. Samara, ein 56 cm langer Akinakes gefunden mit geschlossener Antenne und einer verhältnismäßig schmalen Klinge mit parallelen Seiten und einem in der Mitte wulstartigen Grat (Tf. 19 c)[8]).

Bei einigen Kurzschwertern mit Antennenknauf ist der ursprünglich herzförmige Griffabschluß zu einer dachförmig geknickten Parierstange umgebildet. Ein Akinakes mit solch einem Griffabschluß stammt aus einem Kurgan mit Brandbestattung aus dem Gouv. Samara, Kr. Buzuluk, beim Dorfe Osmuškino (Tf. 19 b)[9]). Ein ähnliches Kurzschwert befindet sich in der Sammlung Chanenko vom Dorfe Volkovci, Kr. Romny, Gouv. Poltava.[10])

Neben den Kurzschwertern, die, in allen Einzelheiten ausgebildet, als einer bestimmten Gattung angehörig charakterisiert sind, treten auch solche auf, bei denen die bestimmten Formen, besonders des Griffabschlusses und des Knaufes, nur roh angedeutet sind. Solche degenerierten Exemplare dieser Akinakes-Gattung sind z. B. zwei in der Sammlung Chanenko befindliche, von demselben Fundort stammende Kurzschwerter (Tf. 18 b, c)[11]). Bei dem einen bildet der Knauf keine

---

1) Bobrinskoj, Směla I Tf. VII 2, 5.
2) Bobrinskoj, Směla III. Kurgan N. 4 der Ausgrabung von Znosko-Borovski.
3) Bobrinskoj, Směla III. Kurgan CCCXLVI.
4) ebd. II. Kurgan Nr. 3 Abb. Tf. 25 11.
5) Bobrinskoj, Izvěstija 17 (1905) Abb. 37.
6) Chanenko, Sammlung III Tf. LV a, b.
7) Bobrinskoj, Izvěstija 1910, Kurgan CDLXXXIX, Abb. 14.
8) Materialien zur Archäol. der Ostgouvernements 1899 Tf. 8 b.
9) ebd. Tf. 8 a; Länge 52 cm.
10) Chanenko, Sammlung II Tf. VII Nr. 59.
11) ebd. II Tf. II 55, 56.

eigentliche Antenne, sondern ist nur leicht nach oben gebogen und kann auch aus der Knaufform mit gerader Querstange unter Einfluß des Antennenknaufs entstanden sein. Der Griff ist auf dem oberen Teil mit eingeritzten Kreisen verziert. Der Griffabschluß ist von einfacher, flachgebogener Form. Skythische Kurzschwerter mit Antennenknauf finden sich vereinzelt auch in den Steinkistengräbern mit Massenbestattungen, die eine Sondererscheinung der Abhänge des Krimschen Gebirges bilden und wahrscheinlich mit den Taurern in Verbindung zu bringen sind. Ein etwa 41 cm langer Akinakes ist in einer dieser Steinkisten in Baidartal gefunden.[1]) Ganz vereinzelt, seiner im Vergleich mit dem Griff ungewöhnlich großen Klinge wegen, steht ein im Dongebiet gefundenes Schwert (Tf. 19 f)[2]). Ein ungewöhnlich langes Schwert mit Antennenknauf wurde im Bette des Altflusses bei der Ortschaft Aldoboly (jetzt Rumänien) gefunden und wird im Szekler Nationalmuseum zu Sfantu-Gheorghe aufbewahrt.[3])

Mit diesem auch wegen seiner Größe alleinstehenden Schwerte gehen wir zu einer Gruppe von Schwertern mit Antennenknauf über, bei denen die Antennen in zoomorphe Motive umgewandelt sind. Das Schwert von Aldoboly (Tf. 20)[4]) ist mit seiner Länge von 112 cm (nach der Angabe des Museums) das längste Schwert skythischer Form. Der 18,5 cm lange Griff hat einen Antennenknauf, bei dem die beiden Voluten von zwei Delphinen gebildet sind. Die Griffstange hat die typische, in 3 Zonen geteilte Form der südrussischen Schwerter, während der Griffabschluß die dachförmig geknickte Form der Parierstange zeigt. Die beiden Hälften der Parierstange werden von zwei auf den Rücken gestellten Löwen mit geöffnetem Rachen gebildet. Die Klinge hat parallel verlaufende Seiten und eine kurze Spitze, sowie zwei Reihen von je drei Blutrillen. Das Schwert ist angeblich ohne Beigaben gefunden und darum, da es auch sonst kein Gegenstück hat, zeitlich nicht näher zu bestimmen. Béla Pósta will das Schwert in die Zeit um Christi Geburt setzen, während Rostovcev es als Übergangsform für den späten Hellenismus in Betracht zieht.[5]) Für eine spätere Zeit als die skythischen Kurzschwerter des 5.—3. Jh. spricht die außergewöhnliche Länge, die es mit den Schwertern der sarmatischen Zeit gemein hat, sonst ist es für diese Zeit ganz alleinstehend, denn wir haben keine Andeutungen dafür, daß sich dieser Typus des skythischen Schwertes noch lange nach dem 3. Jh. v. C. im Donaugebiet gehalten hätte.

Einen weiteren Anhaltspunkt für die Datierung könnte vielleicht auch das Delphinmotiv des Antennenknaufs liefern. Es kann nur aus dem Mittelmeerkreis abgeleitet werden und zwar aus ornamentalen Gebilden, bei denen zwei Delphine von oben gegeneinander springen. Dieses Motiv scheint am frühesten auf hellenistischer Keramik aus der Mitte des 3. Jh. v. C. aufzutreten und ist am häufigsten in der flavisch-hadrianischen Architektur-Ornamentik vorhanden (vgl. z. B. Hülsen-Toebelmann, Römische Gebälke Tf. XI). Da aber in diesem Falle die Stellung der Delphine durch die Antennenform des Knaufs schon vorausgegeben und die Umwandlung der Voluten des Knaufs in zoomorphe Motive bei diesen Schwertern üblich ist, kann dieses Motiv hier auch selbständig entstanden sein. — Parallel den schon besprochenen Schwertern mit Antennenknauf aus Südrußland entwickelt sich eine Abart, bei der die Voluten des Knaufes in Vögel und Greifenköpfe umgebildet sind. Ein gut erhaltenes Kurzschwert dieser Gattung wurde im

---

1) Rěpnikov, Izvěstija 30 (1909) Abb. 17.

2) Atlas zu den Arbeiten des III. Archäol. Kongresses. Kiew 1878 Tf. VIII 6.

3) Dem Szekler Nationalmuseum bin ich für erteilte Auskunft und die mir zur Verfügung gestellte Photographie des Schwertes zu Dank verpflichtet.

4) J. Hampel, Ethnologische Mitteilungen aus Ungarn 1895 Bd. 4 Heft 1.

5) Béla Pósta, Archäol. Studien auf russ. Boden S. 96ff.; Rostovcev, Skythien S. 607.

Kurzschwerter mit Antennenknauf: a, e. Směla, Gouv. Kiew. Nach Bobrinskoj, Směla I Tf. VII 2, 5. — b. Osmuškino, Kr. Buzuluk, Gouv. Samara. L. 55 cm. Nach Materialien zur Archäol. d. Ost-Gouvern. Rußl. III (1899) Tf. 8 a. — c. Magnitnaja Stanica, Kr. Verchne-Uralsk. L. 56 cm. Nach ebenda Tf. 8 b. — d. Žurovka, Kr. Čigirinsk, Gouv. Kiew. L. 48 cm. Nach Izvěstija 17 (1905) Abb. 37. — f. Čugujev, Dongebiet. Nach Trudy des III. Archäol. Kongr. Kiew 1878 Tf. VIII 6.

Dorfe Griščency, Kreis Kanev, Gouv. Kiew, erworben (Tf. 21 a)[1]. Es ist 72 cm lang, mit dachförmig gewölbter Klinge und bronzenem Griff. Der weit ausgeschnittene, herzförmige Griffabschluß hat einen geknickten Oberrand. Die Griffstange ist durch einen schmalen Streifen in 3 Zonen geteilt. Das Knaufende ist durch eine quer herumlaufende Rille abgegrenzt und mit je zwei konzentrischen Kreisen geschmückt, die die Augen der beiden Raubvögelköpfe vorstellen sollen, deren volutenartig gebogene Schnäbel die Antennen des Knaufs bilden. Die Enden der Schnäbel stehen nicht frei, sondern sind bis zur Griffstange heruntergebogen und bilden so zwei runde durchbrochene Öffnungen.

Dieselbe Gestaltung des Griffes scheinen auch die schlechter erhaltenen, schon beschriebenen Schwerter (Tf. 21 d) aus der Sammlung Znosko-Borovskij zu haben. In einer weiteren Entwicklungsstufe werden die beiden Ringe dieses aus stilisierten Vögelköpfen gebildeten Knaufes durch einen Steg verbunden, so daß in der Mitte ein durchbrochenes Rechteck entsteht. Ein Beispiel dieser Knaufform haben wir in einem selten gut erhaltenen Akinakes aus dem Orenburger Gebiet (Tf. 21 g)[2]. Die Griffstange ist wieder in 3 Streifen geteilt, deren mittlerer breiter ist und mit zwei Hasen in Reliefdarstellung geschmückt ist. Der Griffabschluß zeigt die bei dieser Gruppe häufig dachförmig umgewandelte Herzform, während der Knauf die oben beschriebene Gestaltung hat. Die Klinge ist von gleichmäßig spitz auslaufender Form.

Ein ähnliches, aber schlecht erhaltenes Kurzschwert befindet sich in der Universitätssammlung in Kazan[3] und soll auch aus dem Uralgebiet stammen. Überhaupt scheinen die Schwerter dieser Form im Osten häufiger als in westlichen Gebieten zu sein. Zwei Schwerter aus den von A. A. Miller 1911 ausgegrabenen Kurganen bei der Jelisavetovskaja Stanica im Dondelta[4] müssen diesem eben behandelten Schwerte sehr nahe stehen. Leider sind sie sehr durch Rost entstellt, so daß die Knaufform nicht in den Einzelheiten festzustellen ist. Es scheint sich hier nicht um Vogelköpfe wie oben zu handeln, sondern die ohrenartigen seitlichen Ausladungen der beiden Ringe des Antennenknaufs deuten auf eine Art von Greifenköpfen. Das eine besser erhaltene Kurzschwert lag an der rechten Seite des Skelettes[5] und ist etwa 60 cm lang mit kurzer Griffstange und sehr großem herzförmigen Griffabschluß, was es von den oben behandelten unterscheidet. Die Klinge ist sehr breit und verjüngt sich gleichmäßig zur Spitze. Das andere diesem gleiche Schwert aus einem anderen Grabe[6] lag auf der linken Seite des Skelettes, ziemlich hoch, so daß der Griff auf den unteren Rand des Brustkorbes zu liegen kam. Der Kurgan Nr. 6, in dem das erste Kurzschwert gefunden wurde, ist durch einen im Grabe gefundenen attischen Kotylos in den Ausgang des 4. Jh. v. C. datiert.[7] Die Bildung des Griffknaufes aus zwei Vögeln oder

---

[1] Izvěstija 54 (1914) S. 105 Abb. 27; Arch. Anz. 1913 Abb. 69.

[2] Materialy 37 (1918) Tf. VII 14.

[3] Atlas zu den Arbeiten des I. Archäol. Kongresses Tf. III 16.

[4] A. A. Miller, Izvěstija 56 (1914) S. 220f.

[5] ebd. Abb. 20, Kurgan N. 6.

[6] ebd. Abb. 57, Kurgan N. 34.

[7] Das von Miller gewissenhaft untersuchte Gräberfeld befindet sich im Dondelta, etwas nördlich der Jelisavetovskaja Stanica. Die 35 ausgegrabenen Kurgane fallen nach Miller in die Zeit vom 4.—1. Jh. v. C., wobei der Grabritus sich während der ganzen Zeit nicht verändert habe. Nach den beschriebenen und abgebildeten Inventaren zu urteilen, gehören sie jedoch überwiegend ins 4.—3. Jh. v. C., einiges ist älter, während keins jünger als frühhellenistisch ist. Es sind einfache, länglich ovale Schachtgräber. Der Tote liegt ausgestreckt auf dem Rücken, den Kopf nach W. Die Beigaben bestehen aus den Waffen des Bestatteten: Kurzschwert, Lanzen, Goryt mit Pfeilen und Panzer. Schmucksachen sind nur spärlich vertreten; gewöhnlich am Ostrand des Grabes befinden sich griechische Gefäße und daneben Pferdeknochen, auf denen immer eiserne Messer mit Knochengriffen lagen.

Greifenköpfen, die, durch einen Quersteg verbunden, drei durchbrochene Öffnungen bilden, ist nicht immer in dieser Weise beibehalten worden. Besonders wenig geeignet war sie bei den mit Goldblech umkleideten Griffen der Prunkschwerter. Der Knauf wird hier so umgebildet, daß er, ganz massiv gestaltet, die Antennen mit dem durch den Steg gebildeten ausgesparten Viereck nur noch ornamental im Relief zeigt.

Diese Grifform hat der Akinakes aus dem berühmten, 1912/13 von Veselovskij untersuchten Kurgan von Solocha, im Bezirk Melitopol, 23 km südlich von Nicopol.[1]) Längs des linken Oberschenkels des im Hauptgrabe Bestatteten lagen ein eisernes Schwert und ein Akinakes mit goldumkleidetem Griff und ebensolcher Scheide (Tf. 21 c, 22 b). Der Griff (Tf. 21 c) des Akinakes zeigt die beschriebene Umbildung des Antennenknaufs. Die Griffstange ist nach unten etwas verdickt und der Länge nach in 3 Zonen gegliedert, von denen die beiden äußeren quer geriefelt sind. Der Griffabschluß zeigt die für diese Schwertgruppe charakteristische schmale dreieckige Form mit geschweiftem Rand. Das ganze macht den Eindruck einer nicht sehr sorgfältigen Ausführung. Tadellos erhalten und von ausgeprägterer Formbildung ist der Griff eines Akinakes aus einem von A. A. Miller im Gebiet des alten Tanais bei der Jelisavetovskaja Stanica im Dondelta ausgegrabenen Kurgan.[2]) Der mit einer goldbekleideten Scheide versehene Akinakes (Tf. 21 f) lag schräg über dem Unterleib des Skelettes, so daß sich der Griff über der Beckengegend befand, während das Ende den linken Oberschenkel kreuzte. Die Gesamtlänge des Akinakes betrug 60 cm. Der Griff ist mit Gold umkleidet und von derselben Form wie der des Akinakes von Solocha, nur ist er flacher gebildet und die Griffstange hat hier gerade Seiten. Die Klinge hatte, nach dem Ansatz unter dem Griffabschluß zu urteilen, in der Mitte 5 Blutrillen. Die beiden geriefelten äußeren Seiten der Griffstange rahmen ein längliches vertieftes Feld ein, auf dem im Relief ein langgestrecktes Tier mit zurückgelegtem Kopf und langen Ohren dargestellt ist, ein ähnliches Tier füllt auch den dreieckförmigen Griffabschluß.

Zwei goldumkleidete Akinakesgriffe dieser Form stammen aus dem Gouv. Poltava. Der eine aus einem Kurgan bei Romny[3]) hat die Form des eben beschriebenen Griffes, nur verbreitert sich die Griffstange nach unten etwas und ist in der Mitte mit einem rautenartigen Ornament verziert. Das Tier im Griffabschluß ist hier ganz schematisch angedeutet und kaum zu erkennen. Der Ansatz der Klinge zeigt in der Mitte 5 Blutrillen. Ein diesem ähnlicher, aber schlecht erhaltener Griff ist in einem Kurgan im Kreis Zenkovsk gefunden.[4]) Diese Form des Schwertgriffes hat auch der Akinakes aus dem Kul-Oba[5].) Der mit Gold umkleidete Griff des Akinakes ist sehr beschädigt und der Knauf abgebrochen und nicht erhalten. Da er jedoch sonst in allem mit den hier behandelten Griffen übereinstimmt, so darf man mit Sicherheit annehmen, daß er auch dieselbe Form des Knaufes gehabt hat. Dieselbe Grifform aber ohne Goldbelag hat auch ein Akinakes aus dem Orenburger Gebiet (Tf. 21 e)[6]).

Während die ältesten Kurzschwerter mit querstabartigem Knauf schon mindestens im 6. Jh. v. C. anzutreffen sind (vgl. die archaische Gruppe), tritt der skythische Akinakes mit Antennenknauf erst im 5. Jh. auf, was zwar auf Zufall beruhen kann,

---

[1]) Arch. Anz. 1914; Otčet 1912 S. 40ff.; ebd. 1913—15 (1918) S. 104ff.; Revue Archéol. 1914 und 1916 S. 310ff.; Ebert, Südrußland S. 127ff.; Rostovcev, Skythien S. 415ff.; ders. Izvěstija 65 S. 72ff.; Svoronos, Journ. intern. d'arch. num. 17 (1915) S. 3ff. (russ. Referat darüber Izvěstija 65 S. 25ff).

[2]) A. A. Miller, Izvěstija 35 (1910) Tf. V 23; Arch. Anz. 1910 S. 206 Abb. 6.

[3]) Bobrinskoj, Směla II Tf. XXII 4.

[4]) Trudy 1909 Tf. III 4.

[5]) Antiquités du Bosphore Cimmérien Tf. XXVII 10.

[6]) Materialy 37 (1918) Tf. VII 15.

Schwert von Aldoboly, Kom. Haromszék, Rumänien. L. 112 cm. Nach Photographie.

aber doch zu beachten ist. Hier wie da gehört die Hauptmasse der Schwerter der zweiten Hälfte des 4. und dem 3. Jh. v. C. an. Die aus einfachen aufgerollten Voluten gebildeten Antennen (Tf. 18 d, 19) sind häufig in Vogel- und Greifenköpfe umgebildet (Tf. 21 b), und werden dann oft durch einen Zwischensteg verbunden (Tf. 21 g). Die letztere Form des Knaufes wird bei den mit Gold umkleideten Griffen der Prunkschwerter massiv gebildet, indem die aus stark stilisierten Raubvögel- oder Greifenköpfen gebildeten Voluten mit dem (durch den sie verbindenden Steg entstandenen) Viereck nur ornamental im Relief vorhanden sind (Tf. 21 c). Diese Knaufform ist durch den Schwertgriff aus dem Solocha-Kurgan schon für das 4. Jh v. C. bezeugt und hält sich wohl bis in das 3. Jh. v. C. Bei den späteren Griffen dieser Gattung wird die Form flacher und trägt ganz den Stil der Akinakesgriffe mit flachovalem Knauf. Beide Griffarten gehen zeitlich parallel und treten sogar zusammen auf. Der Spiegel aus dem Kul-Oba (Tf. 16 c) hat einen Griff, der in Form und Verzierung ganz den Akinakesgriffen mit flachovalen Knauf entspricht, während der Akinakesgriff aus demselben Kurgan die Form der Griffe vom Solocha-Typus hat (Tf. 21 c). Der Knauf ist zwar nicht erhalten, hatte aber gewiß den massiv gebildeten Antennenknauf des genannten Typus. Die Griffstange und der Griffabschluß sind dieselben wie bei der Gattung mit flachovalem Knauf. Nur wird bei den Griffen mit Antennenknauf die ornamentale Einteilung der Griffstange der Länge nach in 3 Zonen, deren mittlere gewöhnlich verziert ist, auch bei den späten flachen Formen beibehalten (z. B. Tf. 20, 21 c, e—g). Die Griffstange der Schwerter mit flachovalem Knauf haben dagegen oft nach außen geschweifte Ränder und die ganze Seite bildet nur eine mit Figuren gefüllte Fläche (Tf. 17). Der Griffabschluß ist in einigen seltenen Fällen zu einer dachförmig geknickten Parierstange geworden (Tf. 19 b). Die Schwertklingen dieser Akinakesgattung haben dieselben schon bei den Schwertern der vorhergehenden Gruppe behandelten Formen: eine Klinge mit fast parallel verlaufenden Seiten und kurzer Spitze und die trianguläre stark spitz zulaufende Form mit verschiedenen Varianten und Zwischenstufen der beiden Grundformen. Die Länge der Schwerter mit Antennenknauf schwankt durchschnittlich zwischen 40—70 cm. Längere Schwerter sind Ausnahmen (Tf. 19 f) ist vielleicht zeitlich ein sehr später Ausläufer dieser Form). Das Schwert von Aldoboly (Tf. 20) mit seiner Länge von 112 cm ist ganz alleinstehend, ebenso ist es das einzige mir bekannte skythische Schwert mit Antennenknauf aus Ungarn, wo sonst der querstabartige Knauf vorherrscht (vgl. Tf. 13—15). Überhaupt scheint die Verbreitung dieser Knaufform im Vergleich zu den Schwertern mit querstabartigem Knauf eine mehr östliche zu sein, während einige Formen der vorhergehenden Gruppe, wie z. B. die Schwerter mit flachovalem Knauf mir aus dem Kuban und Uralgebiet nicht bekannt sind. (Eine Ausnahme wäre der Akinakesgriff von Karagodeuašch, dessen ursprüngliche Form aber nicht sicher zu erkennen ist.)

Im allgemeinen sind die Kurzschwerter beider Gruppen nächst verwandt und unterscheiden sich, mit Ausnahme unbedeutender Abweichungen bei einzelnen Abarten, nur durch die verschiedene Form des Knaufes.

## f) AKINAKES-SCHEIDEN

Wie bei den Schwertern der archaischen Gruppe sind auch bei den Schwertern der späteren Zeit in allerdings wenigen Fällen Scheidenreste und Scheidenbeschläge erhalten, die es ermöglichen, sich auch von den verschiedenen Formen der Akinakesscheiden eine Vorstellung zu machen. Wie es die häufig aufgerosteten Scheidenreste erkennen lassen, war die Scheide gewöhnlich aus Holz und wohl mit einem Lederüberzug versehen. In einem Falle sind angeblich Spuren einer Bekleidung mit farbigem Stoff beobachtet worden.[1]) Eine andere Scheide war mit sich kreuzenden Bändern umwickelt.[2]) Besondere metallene Ortbänder sind sehr selten. Ein langes massives Ortband aus Elektron hatte die Scheide des Akinakes von Tur, Kr. Čigirinsk (Tf. 16 d, e). Es steht der Form nach dem Ortband des Vettersfelder Akinakes nahe, ist aber unverziert und als ein späterer Ausläufer, einer um die Wende des 6. und dem Anfang des 5. Jh. verhältnismäßig häufigen Ortbandform anzusehen.

Wie bei den schon behandelten archaischen Schwertern, haben sich auch hier die reichverzierten Goldbeschläge der Scheiden einiger Prunkschwerter erhalten. Einen solchen Goldbelag hatte die Scheide des Akinakes aus dem Solocha-Kurgan (Tf. 22 b)[3]). Er ist bis auf eine Beschädigung am unteren Ende sehr gut erhalten und gibt vollkommen die Form der Scheide wieder. Sie hatte gleichmäßig nach unten sich verjüngende Seiten und erweiterte sich am unteren Ende zu einer den Abschluß bildenden runden Scheibe. Der Scheidenmund hat die dem Akinakesgriff entsprechende ausgeschnittene Form. Neu und sonst bei den skythischen Akinakesscheiden unbekannt ist die Verdoppelung der seitlichen Scheidenansatzes.

Eine Erscheinung, die zweifellos auf eine abweichende Tragweise des Schwertes beruht und für die es Parallelen bei der sassanidischen Bewaffnung gibt (s. S. 77). Die Scheide ist durch quer herumlaufende Flechtbänder in 4 Abschnitte geteilt. Oben der mit zwei Rosetten verzierte Scheidenmund und der folgende Oberteil der Scheide mit dem oberen größeren Ösenansatz. Beide Felder füllt je ein Löwe, der einen Hirschkopf zerreißt. Das Mittelstück mit dem kleineren seitlichen Ansatz trägt dieselbe Verzierung, nur ist auf dem Ansatz kein Löwe, sondern ein Panther oder eine Löwin dargestellt. Der untere Abschluß ist mit einem Greifen und einem Panther geschmückt, während das kreisförmige Scheidenende eine Art Maske trägt. Dieses Motiv ist bei den skythischen Sachen häufig, das Scheidenende der Akinakes-Scheide aus dem Kul-Oba (Tf. 22 c) hat es, und ähnlich ist auch der Scheidenmund der Vettersfelder Scheide verziert (Tf. 5 b). Eine der Maske auf der Solochascheide sehr ähnliche Gesichtsbildung trägt die Pferdestirnschmuckplatte von Volkovcy.[4]) Der apotropäische Charakter dieses Ziermotivs tritt bei allen diesen Darstellungen deutlich zutage. Die runde Form des Scheidenendes hatten wir schon bei dem Ortband eines Akinakes von ungarischem Typus (Tf. 14 d), wo es vielleicht mit ähnlichen La Tène-Formen in Zusammenhang gebracht werden kann. (Vgl. z. B. eine ähnliche Ortbandbildung bei den schon in anderem Zusammenhang genannten Schwertern von Hatwan Boldog).[5]) Sie tritt später in gleicher Weise bei einer ganz anderen Gruppe von Schwertern auf, bei deren Behandlung ich darauf noch näher eingehen werde.

In den Einzelheiten abweichend ist die goldene Scheidenbekleidung des Akinakes aus dem Gebiet von Tanais (Jelisavetovskaja Stanica; Tf. 21 f, 22 e)[6]). Die Scheide hat dieselbe spitz zulaufende Form, aber ohne den runden Abschluß der Solochascheide und nur einen seitlichen Scheidenansatz am oberen Rand der Scheide, was ja die Regel ist. Die Scheide ist nicht in einzelne Felder geteilt, sondern die ganze Fläche mit einer Tiergruppe gefüllt. Es ist wieder ein Hirsch, der von einem Löwen und einem Greifen angefallen wird, dahinter folgt der vordere Teil eines Hirsches und den Abschluß bildet ein Löwenkopf. Auf dem Scheidenansatz befindet sich die Darstellung eines Hirsches, der von einem Raubtier angefallen wird, von dem nur der Kopf sichtbar ist. Der auch sonst beschädigten Scheidenbekleidung fehlt der

---

[1]) Bobrinskoj, Směla III Kurgan Nr. 4 beim Dorfe Berestnjaga, Kr. Kanev.
[2]) ebd. Kurgan Nr. CCCXLVI.
[3]) Arch. Anz. 1914 Abb. 98.
[4]) Minns, Scythians Abb. 78.
[5]) Arch. Ert. 1895 S. 19.
[6]) A. A. Miller, Izvěstija 1910; Arch. Anz. 1910 S. 206 Abb. 6.

Kurzschwerter mit tierförmiger Bildung des Antennenknaufes

a. Griščency, Kr. Kanev, Gouv. Kiew. L. 72 cm. Nach Arch. Anz. 1913 Abb. 69. — b. Žurovka, Kr. Čigirinsk, Gouv. Kiew. L. 18 cm. Nach Izvěstija 14 (1905) S. 62. — c. Solocha. Goldbekleideter Griff. Nach Arch. Anz. 1914 Abb. 99.— d. Sammlung Znosko-Borovsky. Nach Chanenko, Collection III, Tf. LV. — e, g. Orenburg-Gebiet. Nach Materialy 37 (1918) Tf. VII 14, 15. — f. Jelisavetovskaja Stanica, Dondelta. Kurgan 10 der Grabung Miller. Griff und Scheide mit Goldbelag. L. 60 cm. Nach Izvěstija 35 (1910) Tf. V 23 b.

obere Rand, ist aber in Hinsicht auf den Abschluß des Akinakesgriffes und in Analogie mit anderen gut erhaltenen Scheiden leicht zu ergänzen.

Sehr ähnlich, aber in der Form und Verzierung prägnanter ist die Scheide des Akinakes aus dem Kul-Oba (Tf. 22 c)[1]. Der Goldbelag der Scheide ist unversehrt. Der herzförmig ausgeschnittene Scheidenmund ist an den Ecken mit zwei Vögelköpfen verziert, während die, wie bei der vorhergehenden Scheide, mit einem Perlstab umrahmte Fläche mit Tiergruppen gefüllt ist. Es ist wieder ein von einem Greifen und Löwen angefallener Hirsch und ein von einem Panther überfallenes Tier. Zwischen der geschwungenen Linie des Schwanzes vom Panther befindet sich die Inschrift: *ΠΟΡΝΑΧΟ*. Den unteren Abschluß bildet ähnlich wie bei der Scheide aus Solocha ein Gesicht. Der seitliche Scheidenansatz ist von schön geschwungener Form und mit der vortrefflich in das Feld hineinpassenden Darstellung eines Hippokampen geschmückt. Für den südrussischen Mischstil eigenartig und interessant ist der Gegensatz des rein griechischen, sicher nach einem griechischen Vorbild gearbeiteten Hippokampen auf der sonst im lokalen Tierstil gehaltenen Scheide.

Im Gegensatz zu diesen im skythischen Tierstil verzierten Akinakesscheiden, trägt der Goldbelag der Scheide von Čertomlyk (Tf. 22 d)[2] die Darstellung einer Kampfszene zwischen Griechen und Persern. Die allgemeine Form der Scheide ist der aus dem Kul-Oba sehr ähnlich, nur hat sie einen weniger straffen Umriß und verbreitert sich unten etwas. Den Scheidenmund zieren zwei heraldisch angeordnete Greifen, deren nach oben geschwungene Schwänze Kreise bilden, die eine Rosette füllt. Die ganze Fläche der Scheide ist mit einer gewundenen Schnur umrahmt und enthält eine in 5 Gruppen zerfallende Kampfszene. Links ein zurückblickender und seine nicht sichtbaren Genossen anfeuernder Grieche, der von einem mit Bogen und Akinakes bewaffneten Perser bedroht wird. Weiter folgen ein verwundeter Grieche, den sein Kamerad fortzuziehen sucht, während ein Perser ihm mit der Lanze den Todesstoß gibt. Dem folgt wieder eine Gruppe von 3 Kämpfenden, ein Grieche dringt auf einen in die Knie gesunkenen und sich mit der Streitaxt wehrenden Perser ein, dem ein Perser auf einem zusammenbrechenden Pferde zu Hilfe eilt. Den Schluß bilden ein mit einem verwundeten Griechen ringender Perser, der von seinem durchgehenden Pferde geschleift wird, zwischen dessen Kopf und Vorderbeine noch ein Helm angebracht ist. Daß hier nicht Skythen dargestellt sind, wie das öfters angenommen wurde[3], sondern Perser gemeint sind, hat schon Malmberg[4] mit Recht hervorgehoben. Die Tracht der Gegner der Griechen hat mit der eigentlich skythischen wenig gemein, ist aber völlig übereinstimmend mit der konventionellen hellenisierten Auffassung der Persertracht wie sie bei griechischen Darstellungen, z. B. dem Alexandersarkophag[5], häufig ist. Dementsprechend sind auch die Griechen mit Ausnahme des ersten, der Chiton und Panzer trägt, heroisiert dargestellt und nur mit Chlamys und Helm versehen, die beiden ersten tragen außerdem auch Beinschienen. Den Tragösenansatz der Scheide schmückt ein Greif, der einen Hirschkopf zerreißt. Das ganze ist gute frühhellenistische Arbeit und entspricht im Stil dem berühmten Gorytbeschlag aus demselben Kurgan.[6]

---

[1] Ebert, Südrußland S. 134; Minns, Scythians S. 203, Abb. 98; Rostovcev, Skythien S. 383; Tolstoj-Kondakov, Russkija Drevnosti II S. 148 Abb. 125.

[2] Antiquités de la Scythie Atlas Tf. XXXV; Minns, Scythians S. 164, Abb. 53 und S. 284ff.; Tolstoj-Kondakov, Russkija Drevnosti II S. 146, Abb. 126; Ebert, Südrußland S. 149, 171; Waldhauer, Revue Archéol. 18 (1923) S. 25; B. Schröder, Jahrb. d. Arch. Inst. 26 (1911) S. 285; Salis in 84. Winkelmannsprogramm. Berlin 1926 S. 8.

[3] Tolstoj-Kondakov, Russkija Drevnosti II S. 147.

[4] Malmberg, Materialy 13 (1894).

[5] F. Winter, Der Alexander-Sarkophag. Straßburg 1909.

[6] Minns, Scythians S. 164 Abb. 53.

Wenn man die Akinakesscheiden der ganzen Schwertgruppe mit herzförmigem Griffabschluß kurz zusammenfassend nochmals überblickt, so ergeben sich zwei, schon bei der Behandlung der archaischen Schwerter erwähnte Hauptarten. Bei der einen besteht die Scheide gewissermaßen aus zwei Teilen, der eigentlichen Schwertscheide und einem den unteren Abschluß bildenden Ortband. Diese Scheidenart scheint besonders im 6. und 5. Jh. häufig gewesen zu sein, wobei bei ihnen (vgl. Tf. 6) das Ortband gewöhnlich griechischer Arbeit ist und vielleicht auch von ähnlichen Ortbändern an griechischen Schwertscheiden beeinflußt wurde. Bei den Schwertern der späteren Zeit ist diese Scheidenart selten. Die alte Form des Ortbandes, wie es die Vettersfelder Akinakes-Scheide hat, ist mir hier nur bei dem Akinakes von Tur, Kreis Čigirinsk (Tf. 16 d, e) bekannt. Die Scheide von Solocha mit dem kreisförmigen Scheidenende, das ja auch ortbandartig von der übrigen Scheide abgeteilt ist, repräsentiert eine Form des Ortbandes, die durch das Schwert von Miriszló (Tf. 14 d) auch für Ungarn bezeugt ist und möglicherweise mit ähnlichen La Tène-Formen zusammenhängt. Ein unteres, verdicktes und rund erweitertes Scheidenende haben die ältesten skythischen Kurzschwerter (Kelermes und Melgunov; Tf. 3 a, b), ebenso wie der Akinakes der Perser auf den Reliefdarstellungen von Persepolis und auf dem Goldblech vom Oxusfund (Tf. 9 c, e). Diese Form des Ortbandes ist dann später charakteristisch für die Scheiden einer ganz anderen Schwertform (vgl. Tf. 23). Ebenso wie mit wenigen Ausnahmen der Goldbelag der Akinakes-Scheiden bei der eigenartigen Tragweise für die gewöhnlich nur sichtbare Vorderseite der Scheide berechnet ist, sind auch die Ortbänder auf der Rückseite oft mit einem Ausschnitt versehen, dessen Ränder dann zur Befestigung des Ortbandes auf der ledernen Unterlage dienen (vgl. Zolotoj Kurgan bei Tomakovka, sowie das Schwert von Miriszló). — Die zweite, allgemein häufigere Scheidenart hat kein besonderes Ortband, sondern der Scheidenbelag ist hier aus einem Stück gearbeitet. Es ist bei dieser Gruppe im gewissen Sinne eine Verdrängung der in älterer Zeit (6.—5. Jh. v. C.) häufiger auftretenden Scheidenform mit dem griechischen Ortband (Tf. 6) durch skythische Werkstätten, die schon beim älteren Typus mit Ortband gelegentlich den oberen Scheidenbelag herstellten, festzustellen. Den Klingenformen entsprechend können beide Scheidenarten parallele oder sich verjüngende Seiten haben. Ebenso ist die Gestaltung des Scheidenmundes und des seitlichen Tragösen-Ansatzes bei den Gruppen dieselbe, da sie aus der Form des unteren Griffabschlusses und der eigenartigen Tragweise hervorgeht. Die Scheide von Solocha mit zwei Ösenansätzen steht in dieser Hinsicht ganz vereinzelt. Auch die Verzierung der Schwertscheiden weist gewisse sich bei allen Scheidenarten häufig wiederholende Motive in der gleichen Anordnung auf. Der seitliche Scheidenansatz trägt gewöhnlich den in der südrussischen Tierornamentik so beliebten ruhenden Hirsch (z. B. Kelermes; Tf. 3 a, b), oder die ebenso häufige Gruppe eines von einem Löwen oder Greifen angefallenen Hirsches (vgl. Tf. 22 b). Eine Ausnahme bildet die Scheide aus dem Kul-Oba mit dem Hippokampen im Ansatz und die Vettersfelder Scheide. Letztere kommt als rein jonische Arbeit jedoch hier weniger in Betracht. Allgemein sind die Prinzipien der Scheidenverzierung schon bei den Scheiden der archaischen Gruppe ausgebildet und dort beschrieben. Die am Don bei der Jelisavetovskaja Stanica (Tf. 7 b) gefundene Akinakesscheide aus dem 6. Jh. leitet im Charakter der Verzierung direkt hinüber nach den ähnlich verzierten Akinakesscheiden von Solocha, dem Dondelta und Kul-Oba (Tf. 22 b, c, e). Wir haben bei allen dieselbe friesartige Anordnung des Tierstreifens. Bei der erstgenannten Scheide des 6. Jh. sind die Tiere im streng gebundenen orientalischen Stil aneinandergereiht, bei den Schwertscheiden des 4. und 3. Jh. zu Gruppen vereinigt, in mehr aufgelöster, von griechischen Vorbildern stark beeinflußter Form. Auch die eigenartigen Einzelheiten der Stilisierung der südrussischen Tierornamentik bei der

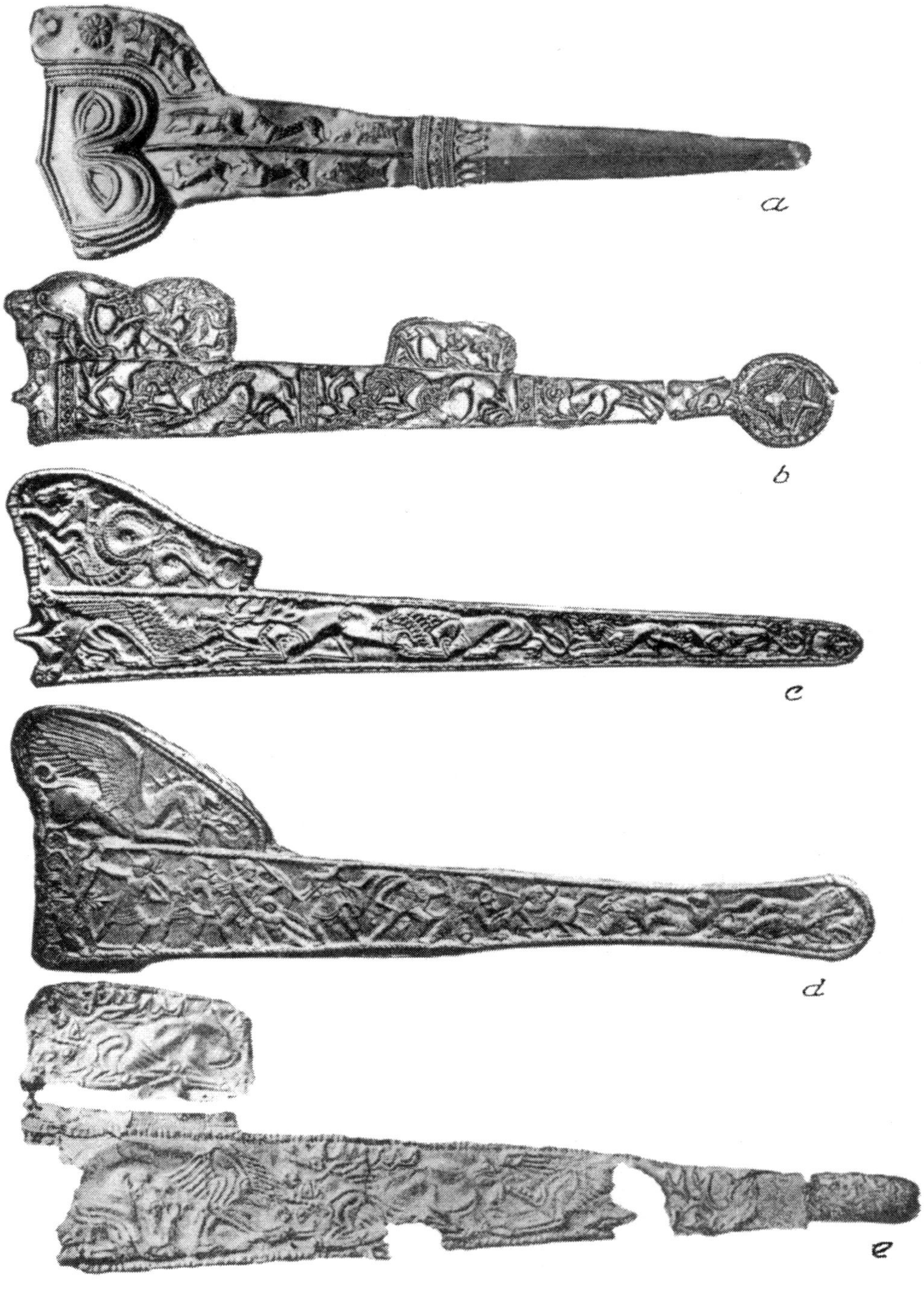


Akinakesscheiden: a. Vettersfelde. — b. Solocha. — c. Kul Oba. — d. Čertomlyk. — e. Jelisavetovskaja Stanica.

genannten Scheide vom Don, wie die Bildung der Löwenmähne durch Spiralen, die ornamentale Umgrenzung der einzelnen Körperteile, das Auslaufen der Gelenke in Spiralen, die ornamentale Andeutung des Brustkorbes haben sich fast unverändert bis in die Spätzeit erhalten und sind bei allen Scheiden mit Tierdarstellungen wiederzufinden. Den unteren Abschluß der Scheiden bildet gewöhnlich ein maskenartiger Menschen- oder ein Löwenkopf (Tf. 22 b).

## 4. DIE SCHWERTER MIT GERADER PARIERSTANGE

### a) MIT ANTENNEN- UND SICHELARTIGEM KNAUF

Der für den skythisch-persischen Akinakes so charakteristische, herzförmige Griffabschluß fehlt bei einer Anzahl von Schwertern, bei denen der Griffabschluß durch eine gerade Parierstange gebildet ist. Diese Schwerter sind, trotzdem sie in Einzelheiten sich mit den bisher behandelten Akinakesformen berühren und in der Knauf- und Scheidengestaltung verwandte Züge aufweisen, wegen einer Reihe von eigenartigen nur bei ihnen vorkommender Formenbildungen als eine besondere, selbständige Gruppe zu betrachten. Auch ihre zeitliche und räumliche Verbreitung ist eine andere, indem sie der späthellenistischen und römischen Zeit angehören und für den östlichen Teil des südrussischen Steppengebietes bezeichnend sind. Schwerter dieser Gattung enthielt das Buerov-Grab (Buerova Mogila) auf der Ṭamanhalbinsel, 2 km von der Bliznica gelegen.[1]) In diesem Grabe lagen rechts von dem Bestatteten, an der Wand aneinander geschichtet, 5 Schwerter. Von dem oberen, längeren Schwerte war der goldumkleidete Griff und 3 Stücke des Goldbelags der Schwertscheide erhalten, von den andern ebenfalls die Griffe und von den Scheiden 4 Goldbleche und ein goldenes Ortband mit dem Rest der Klingenspitze. Die Schwertscheide war nur auf der einen vorderen Seite mit Gold bekleidet. Das Belagstück des Mundteils der Scheide (Tf. 23 a) ist 8,1 cm lang und 4,3 cm breit von viereckiger Form. Am oberen Rand, der von dem die Parierstange bedeckenden Querstück gebildet wird, befanden sich ursprünglich zwei kleine seitliche Ausladungen, von denen die auf der rechten Seite abgebrochen ist. Das ganze trägt Filigranverzierungen, das Mundstück eine Pflanzenranke und die Umrahmung besteht aus einer Art fortlaufenden Spirale und einer Zickzacklinie am unteren Rand. Das zweite folgende Stück der Scheidenbekleidung ist 9 cm lang und 3,8 cm breit und in der gleichen Weise verziert. Die Länge des dritten unteren Belagstückes beträgt 19,7 cm und die Breite oben 2,8 cm und unten 1,9 cm. Die untere Hälfte ist mit ebenfalls in Filigran gebildeten Schuppen bedeckt.

Das Ortband aus dünnem Goldblech verjüngt sich etwas nach unten, um sich dann am Ende zu verbreitern und in einem Kreis zu enden, der durch zwei längliche Löcher durchbrochen ist. Der obere Rand ist mit Streifen von glattem und geflochtenem Draht und einer Zickzacklinie verziert. Außerdem sind noch 3 schmale Streifen[2]) einer Randbekleidung gefunden, mit demselben Spiralmotiv verziert, mit Ausnahme der beiden Enden, die augenscheinlich bedeckt waren. Ihre Länge ist 15,2 und 14,7 cm. Die Zeichnung der Schwertscheide (Tf. 23 b) zeigt die von Rostovcev (a. a. O.) vorgeschlagene überzeugende Ergänzung. Die beiden oberen Belagstücke passen nicht aneinander, denn das zweite ist erheblich schmäler, darum muß zwischen beiden ein leerer Raum angenommen werden, dessen Länge

[1]) Otčet 1870—71 S. IXf.; ebd. 1875 S. 21; vgl. ebd. 1882—88 S. LXXXII; Materialy 37 (1918) S. 43f.; Rostovcev, Skythien S. 550f.; ders., Iranians S. 125, 174, 232 Tf. XXIV 5.

[2]) Rostovcev hat in der Ermitage nur eins gefunden, aber im Inventarverzeichnis sind drei genannt (vgl. Materialy 37 [1918] S. 47).

mit Hilfe der sich verjüngenden Seiten feststellbar ist und mit der Länge des schmalen Randstückes übereinstimmt. Daraus ist zu schließen, daß zwischen beiden Belagstücken der hölzernen, wohl mit Leder bezogenen Scheide sich eine unbedeckte Fläche befand, deren Ränder mit den erwähnten Streifen verziert waren. Dasselbe wiederholt sich unten bei der Aneinanderfügung des zweiten und dritten Stückes der Scheidenumkleidung. In dieser Weise wiederhergestellt ist die Scheide 68 cm lang. Ob der mit einem Antennenknauf versehene 16,5 cm lange Schwertgriff zu dieser Scheide gehört, ist nicht ganz sicher. Er ist der einzige einigermaßen in seiner Form erhaltene Griff der 5 Schwerter. Die Voluten des Knaufes werden von zwei Vogelköpfen gebildet. Die Gesamtlänge des Schwertes betrug ursprünglich etwa 85 cm. Ähnliche Scheidenbeschläge, wie die aus dem Buerov-Grab wurden in einem Holzkasten in dem Aufschutt eines der bei Anapa gelegenen Kurgane gefunden.[1])

Besonders charakteristisch ist diese Schwertform aber für die Kurgane des Orenburger Gebietes, woher die meisten von ihnen stammen. Ein Schwert, das dem aus dem Buerov-Grab äußerst ähnlich ist, stammt aus dem Kurgan I von Prochorovka.[2]) Das Dorf befindet sich in der Gemeinde Michailovsk, im Orenburger Gebiet, auf dem Obščij Syrt am Oberlauf des Flüßchen Čornyj, das in die Suchaja Dema fließt. In seiner Nähe liegt eine Gruppe von einem großen, vier mittleren und drei kleinen Kurganen, die 1911 von den Bauern des Dorfes ausgegraben wurden. Glücklicherweise gelang es, dank der Bemühung Rudenkos, die Funde zu bergen, das Inventar der einzelnen Gräber auseinanderzuhalten, sowie auch wichtige Beobachtungen über den Charakter der Gräber und des Grabritus zu machen.

Von dem uns hier interessierenden Schwert aus dem Kurgan I (Tf. 23f) sind nur der Schwertgriff und einzelne Stücke des goldenen Scheidenbeschlages erhalten. Der mit dünner Goldfolie bedeckte Griff ist 8,5 cm lang, mit einer 2,4 cm langen, geraden Parierstange und nach oben gebogener Knaufstange. Die erhaltenen Stücke des Goldbelages der Scheide lassen mit Sicherheit erkennen, daß sie in Form und Art der Verzierung der Scheide aus dem Buerov-Grab sehr nahe steht. An der rechten Seite des Scheidenmundes befindet sich ein kleiner, fast halbrunder Ansatz mit der Tragöse, der bei der Buerov-Scheide abgebrochen war. Auch hier ist dieser Ansatz ebenso auf die andere Seite übertragen, wo er seine technische Bedeutung als Tragöse verloren hat und nur der Symmetrie wegen rein dekorativ ist. Der untere Scheidenabschluß hat eine ähnliche Form wie beim Ortband der Buerov-Scheide, nur befindet sich bei ihm die runde Erweiterung des Scheidenabschluß nicht ganz am Scheidenende, sondern ist etwas höher gerückt, so daß das Scheidenende sich noch etwas darunter fortsetzt. Die Länge des unteren Beschlagstückes ist 7,25 cm, die Gesamtlänge des Schwertes war nach den erhaltenen Teilen zu urteilen, ungefähr die des Schwertes aus dem Buerov-Grab. Die Verzierung der Goldumkleidung der Scheide besteht wie beim vorigen Schwert aus geometrischen Motiven wie Spiralen, vierblätterige Rosetten und Zickzacklinien in Filigranarbeit mit Spuren von Emaileinlage.

Die Klingen der Schwerter sind in beiden Fällen nicht erhalten, aber die Form der Scheidenbeschläge sowie eine Anzahl Schwerter desselben Typus mit guterhaltenen Klingen zeigen, daß es sich um eine lange, sich gleichmäßig verjüngende Klingenform handelt, die verschieden flach oder dachförmig im Querschnitt und mit Blutrillen versehen sein kann.

---

[1]) Otčet 1881 S. VII. Ein ähnlicher Fund wurde 1874 bei Kerč auf der Landzunge von Ak-Burun gemacht und ist durch einen Stater des Lysimachos in das 3.—2. Jh. v. C. datiert (vgl. Otčet 1874 S. XXI).

[2]) Rostovcev, Materialy 37 (1918) Abb. Tf. III 1; ders., Iranians S. 123f. Tf. XXIV 4; ders., Skythien S. 594f.

Schwerter und Kurzschwerter mit gerader Parierstange

a, b. Schwertgriff und Goldbelag der Scheide eines Schwertes. Buerov-Kurgan, Taman. — c, d, g, h. Kurzschwerter aus dem Orenburg-Gebiet. — e. Dgl. mit goldbekleidetem Griff und ebensolcher Scheide. Krasnogorsk, Gouv. Orenburg. — f. Griff und Goldbelag von der Scheide. Kurgan I von Prochorovka, Orenburg-Gebiet. — i. Griff im Moskauer Historischen Museum. Nach Materialy 37 (1918) Tf. III.

Ein 77 cm langes Schwert dieser Form wurde auch in dem nur dürftig ausgestatteten Kurgan III von Prochorovka gefunden. Es ist unverziert, die Klinge hat einen leichten Grat. Von der Scheide hat sich nichts erhalten, sie wird wohl nur aus Holz und Leder bestanden haben.

Die Schwerter mit gerader Parierstange, die trotz einiger Berührungspunkte sich von dem skythischen Akinakes mit herzförmigem Griffabschluß scharf unterscheiden, treten in einer Umgebung auf, die im gleichen Maße von den typischen skythischen Grabformen und Ritus verschieden ist.

Die Ausstattung der Gräber ist einfach. Die Kurgane sind klein und enthalten keine Grabkammern mit Holzkonstruktionen, sondern in den Boden eingelassene Schächte mit leichter Nischenbildung unten. Das Inventar ist im Vergleich zu den skythischen Gräbern dürftig. Beibestattungen von Menschen und Pferden fehlen ebenso, nirgends sind Wagenreste beobachtet worden. Die Gräber sind im ganzen Orenburggebiet, ebenso wie im Uralgebiet und in der Turgai sehr verbreitet.[1]) Die zeitliche Festlegung dieser Gräber und damit auch der hier zu behandelnden Schwertformen bietet einige Schwierigkeiten, da der für die Datierung sehr wichtige griechische Import bei den Orenburger Gräbern fehlt. An Stelle der griechischen Sachen treten solche aus dem iranischen Osten.

Einen chronologischen Anhaltspunkt bieten die im Kurgan I, aus dem ja auch unser Schwert stammt, gefundenen zwei Silberschalen mit aramäischen Inschriften[2]), deren Analyse die Bestattungen der Prochorovka-Gruppe in das 3. bis 2. Jh. v. C. setzt.

Für diese Zeit zeugen, was den Stil und besonders das Auftreten von farbiger Einlage betrifft, auch analoge Funde aus Gräbern bei Kurdšips und Beslenėjevskaja. Das erstere ist durch eine Gemme und eine Bronzevase mit Darstellungen aus der Telephossage in das 3.—2. Jh. v. C. datiert, das zweite Grab in das 2.—1. Jh. v. C.[3]) Zum Typus der Kurgane von Prochorovka gehört auch ein von N. E. Makarenko 1903 untersuchter Kurgan bei Krasnogorsk, Kreis Orsk, Gouv. Orenburg. Er schließt sich einer Gruppe von Kurganen an, die sich etwa 2 km von Krasnogorsk auf dem rechten Ufer des Ural befindet.[4])

Vom Skelett des Bestatteten fehlte der Schädel. Zwischen dem Skelett befanden sich 3 dreikantige Pfeilspitzen, von denen eine in der Außenseite des rechten Schulterblattes steckte. Am rechten Schenkel des augenscheinlich im Kampfe Gefallenen befand sich ein etwa 40 cm langes Kurzschwert vom Typus der oben genannten Langschwerter (Tf. 23 e). Der Griff hat eine gerade Parierstange und einen sichelförmig gebogenen Knauf. Er ist mit Gold umkleidet und die verdickten Enden der nach oben gebogenen Knaufstange tragen eine Verzierung von aus aufgelötetem Golddraht bestehenden Schleifen. Die Scheide besteht aus Holz und ist nur auf der Vorderseite mit Goldblech belegt, das am oberen und unteren Ende von Bändern aus dünnem Flechtdraht umwickelt ist. Die Rückseite der Scheide hatte wohl ursprünglich einen Lederbelag, der mit silbernen Nägeln befestigt war. Die Form der Scheide ist die der Schwertscheiden von Prochorovka und Buerov. Die beiden seitlichen Ansätze am Scheidenmund waren hier gleichfalls vorhanden, und wie bei der Scheide des Buerov-

---

[1]) Es bestehen gewisse Ähnlichkeiten zwischen den Orenburger Gräbern und den von Radloff beobachteten im Altaigebiet, sowie den Minussinsker Gräbern. Vgl. V. Radloff, Aus Sibirien I, II. Leipzig 1884.

[2]) P. Kokovcev, Über die Inschriften auf den Silberschalen, Materialy 37 (1918) Beilage 1; vgl. O. M. Dalton, The Treasure of the Oxus, 2. Aufl. 1926; Ausführungen zu Nr. 180.

[3]) Vgl. Rostovcev, Iranians S. 125; ders., Skythien S. 328f.

[4]) Otčet 1903 S. 127, Abb. 257; Materialy 37 (1918) Tf. III 3; Anachovskij, Trudy der Orenburger Gelehrten-Archäol.-Komm. 16 (1906) 69ff.; Makarenko, ebd. S. 76ff.; Rostovcev, Skythien S. 600.

Schwertes ist auch hier charakteristischerweise der Ansatz rechts, der wohl auch das Ösenloch getragen hatte, abgebrochen. Der untere Scheidenabschluß zeigt auch die Erweiterung mit den Löchern an beiden Seiten, nur ist sie hier nicht rund, sondern von länglich-ovaler Form. Das Scheidenende setzt sich darunter noch ein Stück fort. Außer diesen hier behandelten Schwertern, bei denen glücklicherweise durch die erhaltenen Goldbeschläge auch die Scheidenformen festzustellen waren, sind noch eine Anzahl von Schwertern dieser Form bekannt, von denen näheres nichts zu sagen ist, die aber gute Beispiele von Varianten dieses Schwerttypus darstellen. Ein dem von Krasnogorsk entsprechender, auch mit Gold belegter Schwertgriff befindet sich im Moskauer Historischen Museum.[1]) Die Knaufstangen-Enden sind ebenfalls mit Filigran verziert, aber in Form einer einfachen Umwicklung. Auch die gerade Parierstange scheint verziert gewesen zu sein (Tf. 23 i). Ebenfalls aus dem Orenburger Gebiet stammt ein Kurzschwert mit eckiger Griffstange und sehr langer Parierstange. Die Klinge ist flach und von gleichmäßig spitz zulaufender Form (Tf. 23 c)[2]). Ein unverzierter Schwertgriff ähnlicher Form, mit wulstartiger Verdickung der Knaufstangen-Enden, wurde auch in einem schon ausgeraubten Kurgan bei der Psebaiskaja Stanica im Kubangebiet gefunden.[3]) Ein Schwertgriff derselben Form befindet sich im Museum von Tobolsk aus der Kamyšever Gegend, Gemeinde Kljutšev, im Kurgansker Bezirk. Seiner Länge wegen bemerkenswert ist ein 113 cm langes Schwert mit sichelförmigem Knauf aus dem Bezirk Samara, das sich im Museum von Samara befindet (Tf. 24 e)[4]).

Bei einigen Kurzschwertern hat der sichelförmig gebogene Knauf nicht die in der Mitte fast etwas eckig geknickte Form mit nur wenig gebogenen, beinahe geraden Seiten der Knaufstange, wie bei den oben behandelten Schwertgriffen, sondern ist stark halbrund gebogen, wie z. B. bei dem Kurzschwert Tf. 23 d.[5]) Die Knaufstange ist halbkreisförmig nach oben gebogen, die Griffstange ist eckig und lang, ebenso die gerade Parierstange. Die sich gleichmäßig spitz verjüngende Klinge hat in der Mitte zwei tiefe Blutrillen, die in der unteren Hälfte der Klinge in eine stark dachförmige Spitze auslaufen.[6]) Ein anderes Kurzschwert mit derselben Knaufform ist von mehr gedrungener Gestalt (Tf. 23 g). Die Enden der gebogenen Knaufstange verbreitern sich und sind flach, während die sehr starke Parierstange rund ist. Die Klinge hat hier nicht die gewöhnliche trianguläre Form, sondern bis zur Mitte etwas nach außen geschweifte Seiten. Von hier setzt sich die langausgezogene Spitze mit geraden Seiten scharf, fast mit einem Knick, ab. Die Klingenmitte trägt einen leichten Grat. Beide Kurzschwerter sind auch im Orenburger Gebiet gefunden; nähere Fundangaben fehlen leider.

Eine ähnliche Klingenform wie das zuletzt genannte Kurzschwert, hat ein solches aus dem Kurgan II von Prochorovka (Tf. 24 d)[7]). Es ist nur 35 cm lang und soll aus einem Stück geschmiedet sein. Abweichend ist hier nur die fast gerade, nur in der Mitte leicht geknickte Knaufstange. Bei einigen Kurzschwertern und Schwertern der Gattung mit sichelförmig gebogener Knaufstange hat die Parierstange nicht die lange gerade Form, sondern ist kurz, die Klinge nur wenig überragend, und in der Mitte leicht nach unten geknickt oder auch gebogen. Diese

---

[1]) Materialy 37 (1918) Tf. III 2.

[2]) ebd. Tf. VII 10.

[3]) Otčet 1895 S. 135 Abb. 324.

[4]) Béla Pósta, Archäol. Studien auf russ. Boden I Abb. 59, 60.

[5]) Materialy 37 (1918) Tf. VII 12.

[6]) Ein 29 cm langer Dolch mit ähnlicher Knaufform wurde in Korca gefunden. Materialien zur Archäol. Kaukasus 1900 Tf. LXXVII 3. Dieselbe Knaufform scheint ein in Materialy 37 (1918) Tf. VII 16 abgebildetes, stark beschädigtes Schwert aus dem Orenburger Gebiet zu haben.

[7]) Materialy 37 (1918) Tf. IV 10.

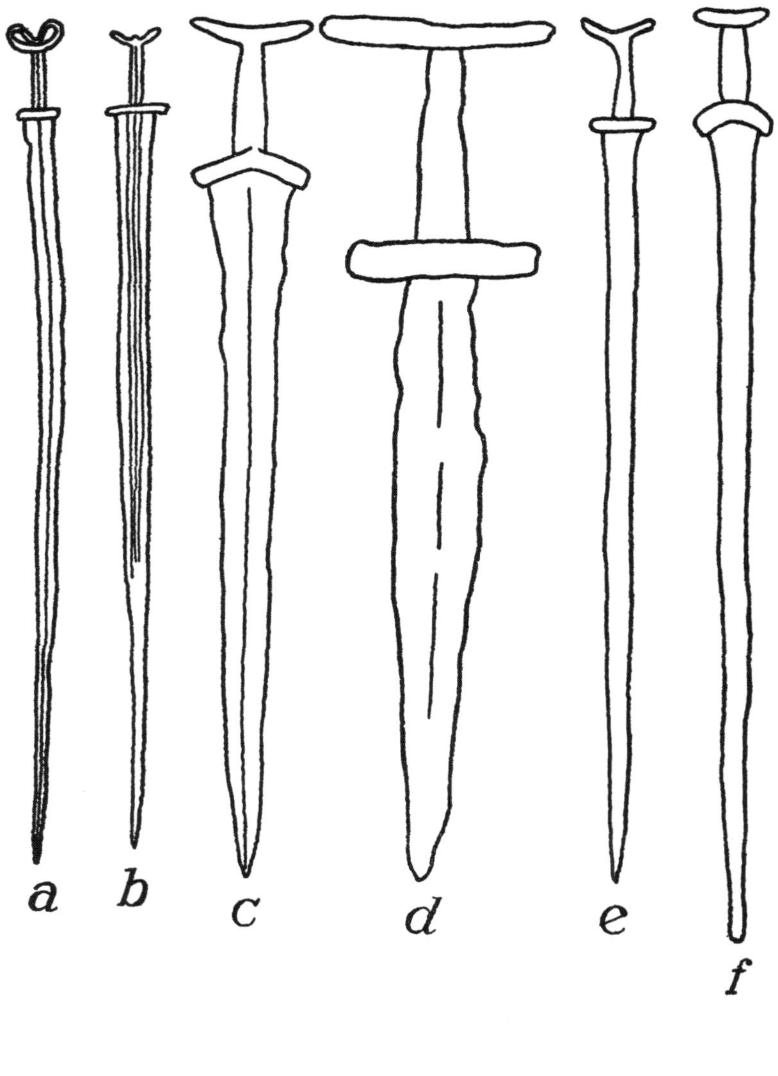


a, b. Aus der Gegend von Semireč. Museum Omsk. Nach Béla Pósta *Archäol. Studien* I Abb. 61. — c. Gemeinde Revda, Bez. Jekaterinenburg. Nach ebd. I 58. — d. Kurgan II von Prochorovka, Orenburggebiet. Nach Materialy 37 (1918) Tf. 4, 10. — e. Bezirk von Samara. Nach Béla Pósta *Archäol. Studien* I Abb. 60. — f. Borisovsk, Kr. Troick, Gouv. Orenburg. Nach Otčet 1902 S. 142 Abb. 255.

Form der Parierstange zeigt ein Kurzschwert ebenfalls aus dem Orenburger Gebiet[1]) (Tf. 23 h), das sonst ganz mit dem oben beschriebenen übereinstimmt. Diese Form der Parierstange erinnert an ähnliche Bildungen bei dem Akinakes mit herzförmigem Griffabschluß, wo bei einer Abart der Griffabschluß eine dachförmig geknickte Gestalt bekommt (vgl. Tf. 19 b). Diese Akinakesform ist auch im Orenburger Gebiet vertreten, und es wird sich hier wohl um eine gegenseitige Beeinflussung beider Grifformen handeln. Die ausgeprägte Form der dachförmig nach unten geknickten Parierstange zeigt ein Schwert, das bei der Gemeinde Revda, Bezirk Jekaterinenburg, gefunden wurde und sich im Jekaterinenburger Museum befindet (Tf. 24 c)[2]).

Eine nach unten gebogene Form der Parierstange zeigt das unweit der Siedlung Borisovsk in der Kosobrodskaja Stanica, Kreis Troick, im Gouv. Orenburg gefundene Schwert. Es ist etwa 75 cm lang und hat eine kurze gerade Knaufstange (Tf. 24 f)[3]). Eine nach unten gebogene Parierstange hat auch ein nur in Bruchstücken erhaltenes Kurzschwert, das bei der Pavlovskaja Stanica im Orenburger Kosakengebiet gefunden wurde.[4]) Zu den oben behandelten Schwertern mit gerader Parierstange aus dem europäischen Ostrußland gesellen sich zwei solche, die in der Semirečer Gegend gefunden wurden und sich im Museum von Omsk befinden.[5]) Das eine Schwert hat einen antennenartigen Knauf, ähnlich wie beim Buerov-Schwert, während das andere eine sichelförmig gebogene Knaufstange besitzt. Die Klingen sind gleichmäßig spitz zulaufend bei dem einen dachförmig, beim zweiten durch zwei tiefe Blutrillen profiliert (Tf. 24 a, b).

In gewisser Beziehung zu dieser Schwertgruppe scheint der Form nach zu urteilen, eine nur aus dem Kaukasus bekannte Dolchart zu stehen. Es sind das kurze Dolche mit gerader Parierstange, antennen- oder sichelförmigem Knauf und einschneidiger Klinge. Ein solcher Dolch stammt aus einem Kurgan beim Dorfe Letnickoje, im Kreise Medvežensk, Gouv. Stavropol.[6]) Ein ähnlicher Dolch, aber mit gebogener Klinge, bei dem die Parierstange fehlt, wurde in Čmi (Suargom) gefunden.[7])

Wenn man die oben behandelten Schwerter mit gerader Parierstange und sichelförmigem oder seltener auch antennenartigem Knauf zusammenfassend mit den Akinakesformen mit herzförmigem Griffabschluß vergleicht, so ergeben sich trotz der großen Verschiedenheit beider Gruppen, eine Anzahl Berührungspunkte und gemeinsame Züge, die auf irgendeinen genetischen Zusammenhang beider sonst selbständigen Gruppen weisen. Was die durchschnittliche Größe der Schwerter mit gerader Parierstange betrifft, so sind bei den sonst gleichen Formen zwei scharf zu scheidende Gruppen zu bemerken. Langschwerter von 80 cm bis etwa 1 m Länge und darüber, wie wir es beim Buerov-Schwert und den Schwertern von Prochorovka I und III und auch von Borisovsk u. a. hatten (Tf. 23 a, f; 24 f) und daneben Kurzschwerter von 30—40 cm wie das von Prochorovka II und aus dem Krasnogorsker Kurgan (Tf. 23 e, 24 d), wobei letzterer in der Form des Schwertgriffes und der Scheide dem Langschwerte von Prochorovka I und dem aus dem Buerov-Grab sehr ähnlich ist und dieselbe Art der Verzierung trägt, also auch zeitlich ihnen sehr nahe stehen muß. Größen-

---

1) ebd. Tf. VII 9.

2) Béla Pósta, Archäol. Studien auf russ. Boden I Abb. 58. Zapiski des Uraler Vereins für Liebhaber der Naturwissenschaften 20 Lief. I S. 368 Abb. 57.

3) Otčet 1902 S. 142 Abb. 255.

4) Materialien zur Archäol. der Ostgouvernements 3 (1899) Tf. 5, 2.

5) Béla Pósta, ebd. I Abb. 61.

6) Otčet 1899 S. 57 Abb. 108.

7) Materialien zur Archäol. des Kaukasus 8 (1900) Tf. LXII 3.

differenzen waren zwar auch beim Akinakes mit herzförmigem Griffabschluß vorhanden, aber nicht in dieser Weise, wo zwei gänzlich verschiedene Schwertlängen nebeneinander vorkommen.

Der sichelförmige Knauf der in wenigen Fällen auch antennenartig wird, oder bei einigen Schwertern fast der Parierstange entsprechend gerade ist, hat gewiß mehrmals Ähnlichkeit mit gewissen Knaufformen des Akinakes mit Antennenknauf und könnte mit ihm in näheren Zusammenhang gebracht werden. Anderseits macht diese Knaufform keine der uns bekannten Umwandlungen des Antennenknaufes mit und tritt überhaupt erst in einer Zeit auf, wo der skythische Antennenknauf schon seine ganze Entwicklung durchgemacht hat. Die hier so beliebte Umbildung der Voluten des Knaufes in Vogel- und Greifenköpfen ist bei dieser Gruppe, mit Ausnahme des Buerov-Schwertes, nicht zu beobachten, wie überhaupt die reiche südrussische Tierornamentik in dem Formenkreise, den diese Schwerttypen repräsentieren, dürftig ist.

Die oft recht lange Griffstange ist von rundovalem oder rautenförmigem Querschnitt und ohne besondere Verzierung. Die Gliederung der Griffstange in 3 Streifen, wie sie für den Akinakes mit herzförmigem Griffabschluß charakteristisch ist, fehlt hier gänzlich. Ganz verschieden von dem Griffabschluß der letztgenannten Akinakesgruppe ist auch die bei diesen Schwertern typische gerade Parierstange. Die Parierstange hat einen viereckigen, seltener runden oder ovalen Querschnitt und ist von verschiedener Länge, indem sie nach beiden Seiten die Klingenbreite weit überragt, oder auch nur wenig hervortritt. Weniger charakteristisch sind die Formen der Klingen. Es ist dieselbe trianguläre, spitz zulaufende Form mit geraden Seiten häufig, die wir schon bei den anderen Schwertgruppen hatten. Neu ist die Klingenform mit gebrochenem Kontur, wie ihn das Kurzschwert (Tf. 23 g) und das aus dem Kurgan II von Prochorovka zeigen (Tf. 24 d). Die Profilierung der Klinge durch Blutrillen (Tf. 23 d) oder einen Grat (Tf. 23 g) scheint seltener zu sein. Am häufigsten sind die Klingen von flacher Form.

Ebenso stark abweichend in Form und Verzierung sind die Schwertscheiden dieser Gruppe, die bei den Lang- und Kurzschwertern gleichartig sind. Die sich allmählich nach unten verjüngende Form der Scheide, sowie den nur auf der Vorderseite vorhandenen Goldbelag hatten auch die Schwertscheiden des Akinakes mit herzförmigem Griffabschluß.

Entsprechend der geraden Form der Parierstange ist auch der Scheidenmund gerade gebildet, jegliche Andeutung der charakteristischen herzförmigen Verzierung des oberen Scheidenteils der vorigen Gruppe fehlt. Der seitliche Ansatz am oberen Rande der Scheide für die Tragöse ist zwar vorhanden, aber er ist von sehr kleinem Ausmaße und auch auf die andere Seite des Scheidenrandes übertragen, so daß die Scheide jetzt eine streng symmetrische Form hat. Auf dieser Seite hat der Ösenansatz keine funktionelle Bedeutung und das Loch für den Tragriemen ist hier nicht vorhanden oder nur dekorativ angedeutet, wie z. B. beim Prochorovka-Schwert (Tf. 23 f).

Der untere Abschluß der Scheide ist ganz an der Spitze oder etwas darüber von rund ausladender Form. Dieser runde Scheidenabschluß ist mit der übrigen Scheide aus einem Stück gearbeitet oder auch besonders als Ortband angesetzt (Tf. 23 a, b, e, f). Beide Arten eines ähnlichen Scheidenabschlusses kommen auch bei den Akinakes mit herzförmigem Griffabschluß vor (vgl. z. B. das Kurzschwert aus Ungarn Tf. 14 d und das von Solocha Tf. 22 b).

Eine neue, bei den ebengenannten Schwertern nicht beobachtete Erscheinung sind die beiden Löcher in der runden Erweiterung des Scheidenendes, die nur aus der Tragweise der Schwerter erklärt werden können. Anderseits erinnert diese Form des unteren Scheidenabschlusses sehr an ähnliche Erscheinungen bei Latène-Schwertern.

## b) DIE RINGKNAUFSCHWERTER

Eine Gruppe der Schwerter mit gerader Parierstange haben einen Knauf, der von einem geschlossenen Ring gebildet wird. Die Klingenformen und die Griffstangen mit der Parierstange sind denen der vorher behandelten Schwerter mit antennen- und sichelartigen Knäufen durchaus ähnlich. Neben dem Ringknauf ist ein Hauptmerkmal dieser Gruppe ihr Größenverhältnis. Während wir bei den vorhergehenden Schwertformen mit gerader Parierstange Kurz- und Langschwerter derselben Form hatten, sind die Ringschwerter ausgesprochene Kurzschwerter der Art wie wir sie beim skythischen Akinakes mit herzförmigem Griffabschluß hatten, mit dem sie auch die besondere Art der Tragweise am rechten Schenkel gemein haben.

Ein gut erhaltenes Kurzschwert dieser Form ist in einem Kurgan bei der Vozdviženskaja Stanica im Kubangebiet gefunden (Tf. 25 a)[1]. Der Kurgan enthielt Funde, die für die späthellenistischen und römischen Gräber des Kubangebietes charakteristisch sind.[2] Das 55 cm lange Kurzschwert hat einen 13 cm langen Griff mit Ringknauf, eine Griffstange von flachovalem Querschnitt und eine gerade Parierstange. Die Klinge (Gr. Br. 4 cm) ist flach mit sich nur wenig verjüngenden Seiten und kurzer Spitze. Ein ganz ähnliches Kurzschwert befindet sich in der Sammlung Znosko-Borovski, das aus der Kanever Gruppe der Kiewer Kurgane stammen soll (Tf. 25 f)[3]. Aus dem Orenburger Gebiet stammt ein Kurzschwert dieser Art (Tf. 25 d)[4], das dem rautenförmigen Querschnitt der Griffstange und der dachförmigen sich stark verjüngenden Klinge nach den Langschwertern mit sichelförmigem Knauf aus demselben Gebiet überaus nahesteht (vgl. Tf. 23, 24). Das Museum in Jekaterinodar besitzt ein von Béla Pósta veröffentlichtes Kurzschwert mit Ringknauf.[5] Eine größere Anzahl Kurzschwerter mit Ringknauf haben die von P. Rykov 1924 im Gouv. Saratov beim Dorfe Susly an den Ufern des Flusses „Bolšoj Karaman" (Bez. Tonkošurov, Republik der Wolgadeutschen) ausgegrabenen Kurgane geliefert.[6] Diese Schwerter sind wichtig, weil sie aus sorgfältig ausgeführten Grabungen stammen. Es sind flache Hügelgräber mit einfachem Schacht und Nischengräbern ähnlich den Kurganen des Orenburger Gebietes.

Der Kurgan Nr. 1 enthielt ein solches Kurzschwert, das an der rechten Seite des Bestatteten lag. Es ist 50 cm lang und hat eine etwa 4 cm breite Klinge. Der Griff war mit Holz umkleidet, das rot gefärbt war. Im Kurgan Nr. 16 lag, ebenfalls an der rechten Seite des Bestatteten, ein 54 cm langes Kurzschwert derselben Form, bei dem auch Spuren der Holzscheide erhalten waren. In ähnlicher Weise wurden gut erhaltene Kurzschwerter von 40, 47 und 55 cm Länge in den Kurganen Nr. 23, 43, 49 gefunden. Sie lagen an der rechten Seite der Bestatteten. Die Schwerter, sowie fast alle Eisengeräte in diesen Gräbern, haben sich nur schlecht erhalten. Den Typus der Kurzschwerter mit Ringknauf aus diesen Gräbern zeigt das Schwert Tf. 25 f. Die ziemlich dürftig ausgestatteten Gräber gehören, mit

---

[1] Otčet 1899 S. 44 Abb. 72; Béla Pósta, Archäol. Studien auf russ. Boden S. 569 Abb. 320.

[2] Vgl. Rostovcev, Materialy 37 (1918) S. 57.

[3] Chanenko, Sammlung III Tf. LV 6; vgl. Materialy 1918 S. 57.

[4] Materialy 37 (1918) Tf. VII 13.

[5] Béla Pósta, Archäol. Studien auf russ. Boden II S. 489 Abb. 20.

[6] P. Rykov, Das Suslover Kurganenfeld. Učenije Zapiski der Saratover Universität 4 (1925).

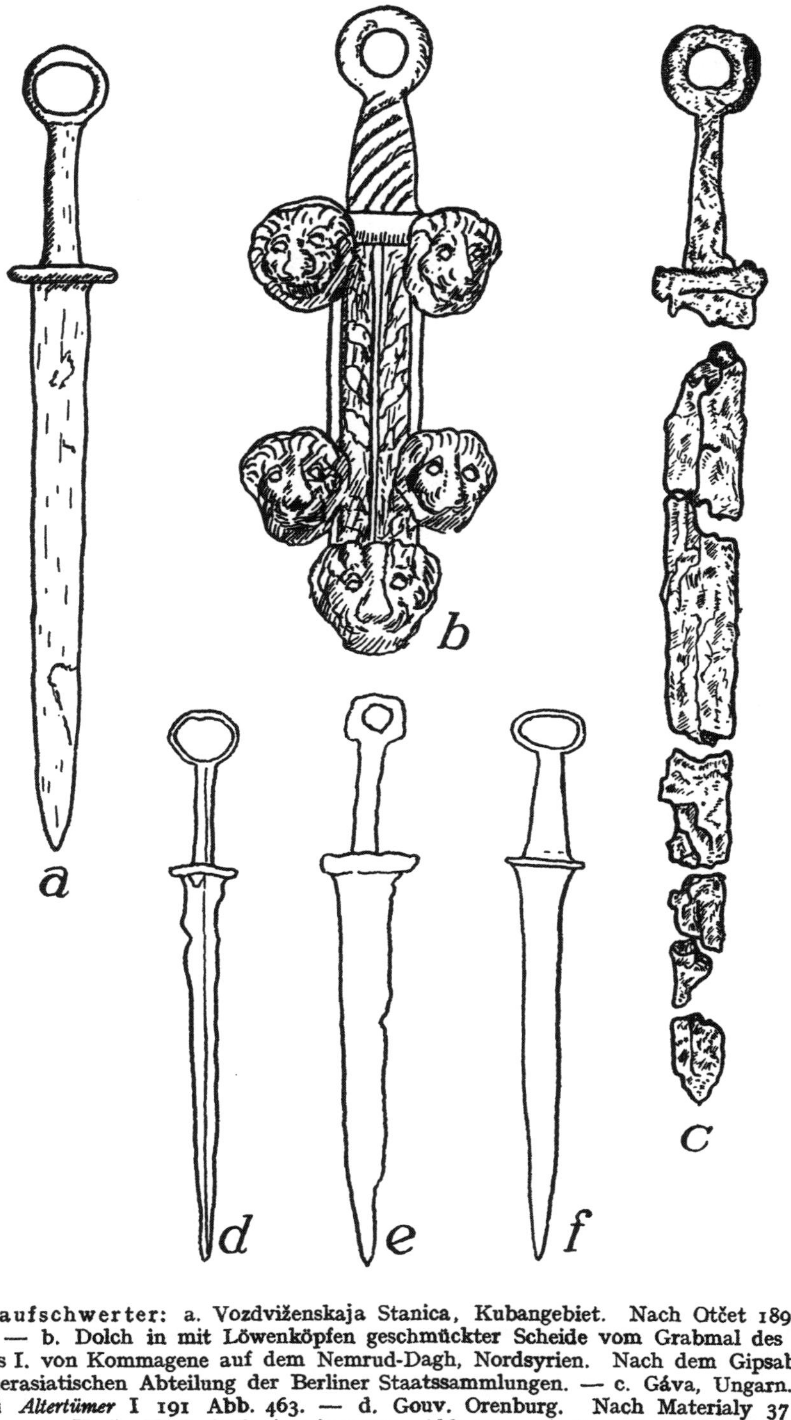


**Ringknaufschwerter:** a. Vozdviženskaja Stanica, Kubangebiet. Nach Otčet 1899 S. 44 Abb. 72. — b. Dolch in mit Löwenköpfen geschmückter Scheide vom Grabmal des Königs Antiochos I. von Kommagene auf dem Nemrud-Dagh, Nordsyrien. Nach dem Gipsabguß in der Vorderasiatischen Abteilung der Berliner Staatssammlungen. — c. Gáva, Ungarn. Nach Hampel *Altertümer* I 191 Abb. 463. — d. Gouv. Orenburg. Nach Materialy 37 (1918) Tf. 7, 13. — e. Kerč. Nach Arch. Anzeiger 1914 Abb. 27. — f. Sammlung Znosko-Borovskij. Nach Chanenko *Sammlung* III Tf. 55.

Ausnahme des Kurgans 49, der noch ins 1.—2. Jh. n. C. zu setzen ist, in das 2.—3. Jh. n. C. Ein stark durch Rost entstelltes Exemplar dieser Kurzschwerter wurde in Kerč gefunden (Tf. 25 e)[1]. Diesen Kurzchwertern entsprechen solche aus dem Kubangebiet. A. A. Miller untersuchte 10 Gräber von ähnlichem Charakter auf einem zum Teil stark zerstörtem Gräberfeld am Ufer des Kuban bei der Ust'-Labinskaja Stanica.[2] In den Gräbern Nr. 5 und 10 wurden 2 Kurzschwerter an der rechten Seite der Skelette gefunden. Es sind Ringknaufschwerter von 51,5 und 58 cm Länge, von derselben Form wie die oben erwähnten von Susly, und daher auch zeitlich diesen gleichzustellen. Die große Rolle dieser am rechten Schenkel getragenen mehr dolchartigen Waffe in dieser Zeit im alten Pantikapaion beweist ihre Häufigkeit auf den Darstellungen pantikapäischer Bürger auf den in Kerč in großer Zahl zutage getretenen Grabstelen. Die Reiter haben hier neben dem an der linken Seite getragenen oder noch häufiger am Goryt befestigten Langschwert, auf dem rechten Schenkel fest aufliegend eine der Länge nach unseren oben behandelten Kurzschwertern mit Ringknauf entsprechende Waffe. Bei den besser erhaltenen Darstellungen ist dann auch regelmäßig der ringförmige Knauf und die gerade Parierstange deutlich zu erkennen (Tf. 30). Wir haben es also mit denselben Kurzschwertern zu tun, die uns aus dem archäologischen Material Südrußlands bekannt sind. Die Kerčer Stelen, die hier in Betracht kommen, werden ihrem Stil nach von Watzinger[3] in die beiden ersten Jahrhunderte nach C. gesetzt, was gut zu den in dieselbe Zeit datierten Grabfunden paßt, die, wie wir sahen, größtenteils dem 2.—3. Jh. angehören und zum Teil also etwas jünger sind.

Das jüngste mir bekannte Schwert dieser Gattung mit Ringknauf stammt aus Ungarn. Im Jahre 1898 wurde bei Gáva im Comitat Szabolcs vom Direktor des dortigen Museums, Dr. André de Josa, in einem Hügel ein Schwert gefunden, über dem eine Kupfermünze der Zeit Konstantins (306—337) lag (Tf. 25 c)[4]. Das Schwert, dessen Klinge nur in Bruchstücken erhalten war, ist den Kurzschwertern mit Ringknauf sehr ähnlich, nur scheint hier die ebenfalls gerade Parierstange sich nach beiden Enden etwas zu verdicken, was bei den südrussischen Schwertern nicht der Fall ist. Auf das Verhältnis des Ringknaufschwertes von Gáva, dem einzigen mir überhaupt aus Ungarn bekannten, zu den südrussischen Schwertern komme ich noch zu sprechen.

Von den hier behandelten Schwertern völlig unabhängig und abgesondert stehend, sind eine Reihe von Ringknaufschwertern, die sich den Fundumständen nach als römischen Ursprunges erwiesen haben. Diese Schwerter haben zwar auch eine gerade Parierstange und einen Ringknauf, aber letzterer trägt einen ganz anderen Charakter. Bei den Kurzschwertern aus Südrußland ist der Ring des Knaufes gleichmäßig kreisrund und es sind keine Anzeichen einer besonderen Befestigung des Ringes an der Griffstange zu erkennen. Bei den römischen Ringknaufschwertern hat der Ring immer eine nach oben mehr oder weniger mondsichelförmig anschwellende Form und läuft unten in eine flache Zunge aus, die mit der Griffangel vernietet ist, nachdem die mit einem entsprechenden Ausschnitt versehene Parierstange hinübergeschoben war. Eine Reihe dieser Schwerter wurde gelegentlich von Déchelette zusammengestellt, von denen sich mehrere durch

---

[1] Archäol. Anz. 1914 Abb. 27.

[2] A. A. Miller, Kurzer Bericht über die Arbeiten der nordkaukasischen Expedition 1924 und 1925 in Soobščenija 1 der Staatlichen Akademie für Geschichte und materielle Kultur. Leningrad 1926.

[3] Kieseritzky-Watzinger, Südruss. Grabreliefs Nr. 267, 486, 599, 609, 664, 665.

[4] Zoltán de Takács, Huns et Chinois SA. Turan Abb. 10; Hampel, Altertümer des frühen Mittelalters in Ungarn I S. 191, Abb. 363; Béla Pósta, Archäol. Studien auf russ. Boden 1 Abb. 6; Déchelette, La collection Millon. Paris 1913 Abb. 531.

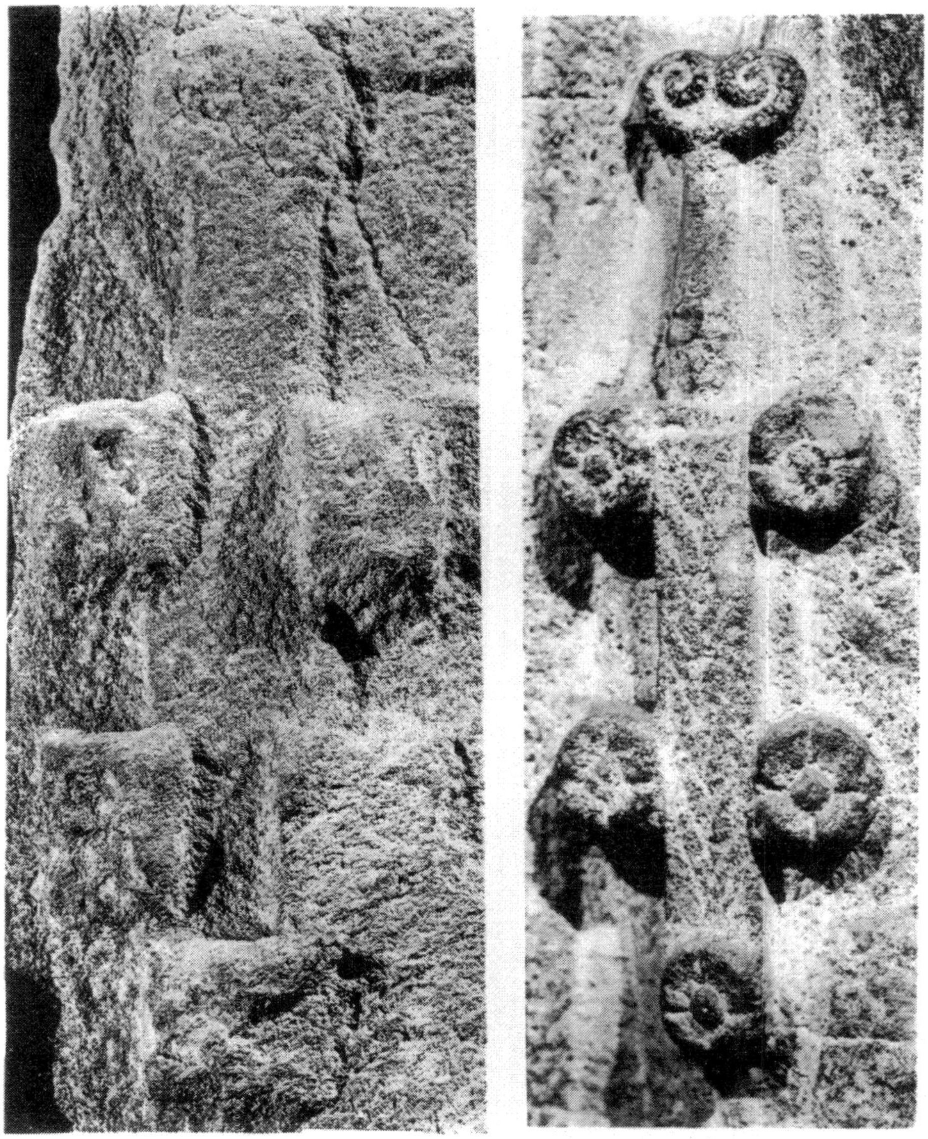

a b

Kurzschwerter vom Grabmale Antiochos I. von Kommagene. Nach den Gipsabgüssen in der Vorderasiatischen Abteilung der Staatlichen Museen in Berlin.

ihre Fundumstände als römische Waffen erwiesen. Ein Schwert wurde z. B. in einer römischen Grabstätte in Lovere, Transpadanien gefunden, die durch Münzen Diocletians, Maximilians u. a. datiert war. Die meisten im Westen gefundenen Schwerter stammen aus den Rheinprovinzen.[1])

Über die Form der Scheide bei den Schwertern mit Ringknauf aus Südrußland läßt sich nichts Näheres sagen. Mit Ausnahme der von Rykov bei den Schwertern von Susly beobachteten Holzresten einer Scheide sind keine Funde gemacht worden, die über ihre Formen Aufschlüsse gäben. Ebenso sind die Einzelheiten bei den Darstellungen auf den Grabreliefs nicht erkenntlich. Mit Gold umkleidete Prunkscheiden, die bei den anderen Schwertformen nicht selten waren, sind hier nicht vorhanden. Eine Vorstellung von solchen Scheiden bei Prunkwaffen dieser Form geben uns aber Darstellungen persischen und iranisch-hellenistischen Ursprungs, was wiederum für den iranischen Charakter dieser Waffe überhaupt bezeichnend ist. Die ältesten mir bekannten Darstellungen von Kurzschwertern mit Ringknauf sind die auf den Reliefs vom Grabmal des Antiochos I. von Kommagene auf dem Nemrud-Dagh in Nordsyrien. Die dem 1. Jh. v. C. angehörenden Reliefs zeigen den König und seine Ahnen mit dem traditionellen Akinakes, der frei am rechten Schenkel herunterhängt. In zwei Fällen ist der Ringknauf und die gerade Form des Griffabschlusses deutlich zu sehen (Tf. 25 b). Es ist eine gleiche Art der Waffe, wie wir sie von den südrussischen Reliefs und aus den Kurganen kennen. Bei den Darstellungen von Nemrud-Dagh sind die Scheidenformen in allen Einzelheiten zu erkennen Die wohl ebenfalls mit gepreßtem Goldblech umkleidet zu denkenden Scheiden haben parallele Seiten und sind am oberen und unteren Scheidenende symmetrisch mit seitlichen runden Ansätzen versehen, in Form von Rosetten (Tf. 26 b) oder Löwenköpfen (Tf. 25 b). Eine solche Rosette oder ein Löwenkopf bilden auch den unteren Abschluß der Scheide. Die Scheidenbahnen sind mit Blattstäben oder Rankenmotiven verziert. Diese Form der Akinakesscheide erinnert grundsätzlich an den im wesentlichen ähnlichen Aufbau der Schwertscheiden von Buerov und Prochorovka (Tf. 23 a, b, f). Auch dort hat die Scheide an beiden Seiten des Scheidenmundes Ansätze, die noch ihre Bedeutung als Tragösen nicht ganz eingebüßt hatten, hier aber rein dekorativ sind. Auch das untere Ende der südrussischen Scheiden war rund ausladend gestaltet, aber in einer abweichenden Art, indem die oberen und unteren Ausladungen bei den südrussischen Schwertern immer noch konstruktiv wirken. Diese Form ist dann später auch auf den sassanidischen Denkmälern häufig anzutreffen.

Für Südrußland ist diese Form der Schwertscheiden für die im nächsten Abschnitt zu behandelnden Kurzschwerter mit knopfartigen Knäufen aus Funden bezeugt. Ähnlicher Art sind gewiß auch die Scheiden der Kurzschwerter mit Ringknauf aus Südrußland gewesen. Denn während die auf den Kerčer Grabstelen dargestellten Kurzschwerter gewöhnlich nur am Scheidenmund nach beiden Seiten eine von der Parierstange gebildete rechteckige Ausladung zeigen (Tf. 30 b), sind in einigen Fällen deutlich solche Ansätze auch am unteren Scheidenende zu erkennen (Tf. 30 c). Ganz dieselbe Form der Scheide hat der Dolch des parthischen oder skythischen Reiters einer Terrakottastatuette aus Syrien (Tf. 32 a).

## c) DIE SCHWERTER MIT KNOPFARTIGEM KNAUF

Die Tendenz durch farbige Einlage dem zu verzierenden Objekt koloristische Werte abzugewinnen, hatten wir schon, wenn auch in ganz zurückhaltender Weise bei dem skythischen Akinakes der archaischen Gruppe (vgl. z. B. Tf. 4 c; mit Email-

[1]) J. Déchelette, La Collection Millon. Paris 1913; J. Schwieterich, Ztschr. für historische Waffenkunde 1920.

einlagen verziertes Ortband von Tomakovka). In der eigentlichen Zeit der Entfaltung der südrussisch-skythischen Dekorationskunst tritt dieser Zug zurück und ist bei Waffen aus dem 5.—3. Jh. v. C. gar nicht vertreten. Erst mit dem 3. Jh. v. C. und den dann folgenden Jahrhunderten erscheint er wieder. Zuerst auch in recht bescheidener, der bei den archaischen Kurzschwertern beobachteten sehr ähnlichen Art von in geometrisch geformten Drahtzellen eingesetztem Email. Diese Art der Verzierung mit farbiger Emaileinlage vertreten die Schwerter der beiden vorchristlichen Jahrhunderte aus dem Orenburg- und dem Kubangebiet. Seine Entfaltung erreicht der koloristische Stil in Südrußland in den ersten nachchristlichen Jahrhunderten, wo er durch reiche Anwendung farbiger Steineinlage die Grundlagen für den sog. gotischen Stil und den polychromen Verzierungsstil der Völkerwanderungszeit überhaupt bildet. Mit dem Stil wechseln auch die Technik und die Elemente der Verzierung. Die Tierornamentik wird zurückgedrängt und auf den Auflagen aus Gold- und Silberblech herrschen getriebene und gepunzte Ornamente geometrischer Natur im Verein mit der immer mehr überhandnehmenden farbigen Stein-, Glas- und Emaileinlage. Die Frage der Entstehung dieses neuen Stils und seiner Beziehung zu ähnlichen Erscheinungen im Osten (Syrien, Kleinasien, Iran) und Westen (die polychromen Tendenzen des spätantiken Kunstgewerbes und der Kunst der Völkerwanderungszeit) ist schwierig und als noch nicht gelöst zu betrachten. Der starke iranische ethnische und kulturelle Einschlag im Pontusgebiet und das zeitliche Zusammenfallen dieses Stilwechsels mit neuen Völkerwellen aus dem Osten (Sarmaten) weisen jedoch auf einen inneren Zusammenhang dieser Erscheinungen und ihren Beziehungen zum Iran, wo die farbige Einlagetechnik schon lange bodenständig ist (vgl. den Oxusfund und die Ausgrabungen de Morgans in Susa)[1]).

Eine Reihe von Kurz- und Langschwertern des 1.—3. Jh. n. C. aus Südrußland tragen die typische Verzierung mit Stein- und Emaileinlagen dieses Stiles. Besonders im Kubangebiet und im Gebiet des alten Pantikapaion treten in späthellenistischer und römischer Zeit Schwertformen auf, die zum Teil ganz mit der bisher immer deutlich verfolgbaren skythisch-persischen Tradition der Schwertgestaltung brechen. In der Nekropole von Pantikapaion selbst, in der ältere Waffen überhaupt verhältnismäßig selten waren, werden in der römischen Kaiserzeit Schwerter und Dolche in den Gräbern zur Regel. Während in den Gräbern aus vorchristlicher Zeit in den seltenen Fällen, wo dem Bestatteten Waffen mitgegeben waren, das Schwert zusammen mit Pfeilen und Lanzen gefunden wurde, wird es jetzt regelmäßig von einem Dolch begleitet. Das Schwert mit dem Dolch sind auch neben dem im Goryt getragenen Bogen die Hauptwaffen der auf den Grabstelen und Wandmalereien dargestellten Pantikapäer (vgl. Tf. 30). Diese Schwerter und Dolche weisen eine Reihe charakteristischer Sondererscheinungen auf, die sie von den behandelten skythischen Formen ebenso unterscheiden wie von keltischen und griechischen oder römischen Schwert- und Dolchformen. Besonders typisch ist die Gestaltung des Griffes. Die Schwerter haben oft gar keinen Griffabschluß oder solchen von ganz anders gestalteter Form und nur bei einigen weisen die Parierstange und gewisse schon erwähnte Scheidenformen auf Beziehungen zu den bisher behandelten Schwertformen hin. Die Griffstange besteht aus der seiner Länge entsprechenden Griffangel des Schwertes, welche mit Holz oder Knochen umkleidet ist und häufig auch mit Goldfolie belegt wird. Den oberen Abschluß bildet ein Knauf, der aus einem runden, ovalen oder auch eckigen Halbedelstein oder aus farbigem Glas besteht. Dieser Stein ist gewöhnlich in der Mitte zum Aufsetzen

[1]) Vgl. Dalton, The Treasure of the Oxus[2] 1926; M. Ebert, Monteliusfestschrift 1913 S. 271ff.; De Morgan, Délegation en Perse 8 (1915) S. 29ff.; A. Riegl, Die spätrömische Kunstindustrie I S. 180ff.; Rostovcev, Skythien S. 277f., 577ff.

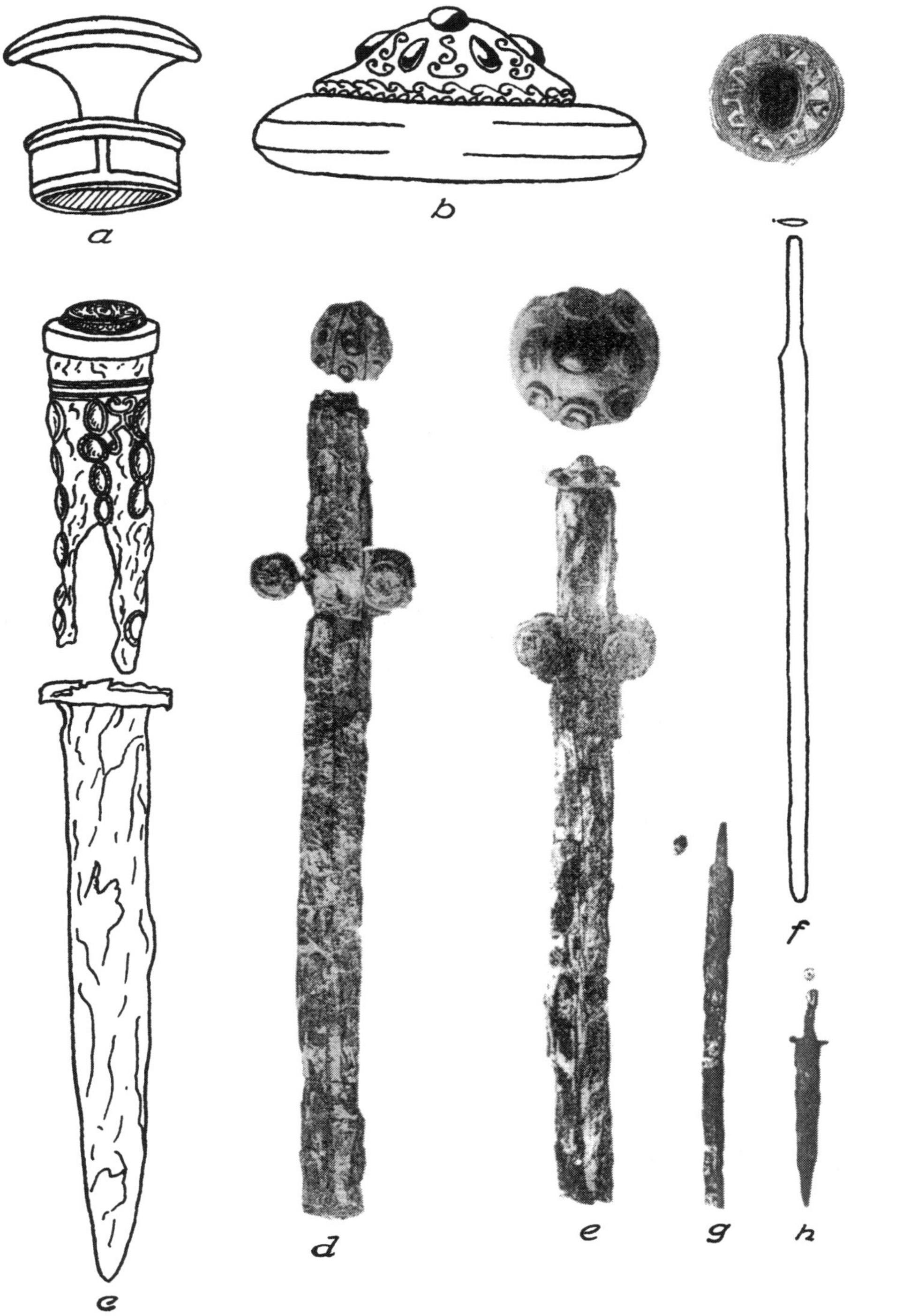

Schwerter mit knopfartigem Knauf

a. Goldener Griffknauf eines Dolches. Kerč (Grabung Ašik). Nach Antiquités du Bosphore Cimmérien Tf. XXVII 8. — b. Griffknauf eines Schwertes. Kerč. Nach L. A. Maculevič, Silberschale aus Kerč (russ.) 1926 Abb. 9. — c. Dolch. Griff goldbekleidet und mit Steinen verziert. Kerč (Grabung Ašik 1841). Nach Antiquités du Bosphore Cimmérien Tf. XXVII 7. — d. Dolch mit dünnem Goldbelag. Kerč. Nach Materialy 37 (1918) S. 54. — e. Dolch. Gurzuf, Gouv. Taurien. Nach Otčet 1902 S. 135. — f. Schwert mit rundem goldumkleideten Knauf. Novokorsunskaja Stanica, Kuban-Gebiet. Nach ebenda S. 135. — g, h. Dolch und Schwert mit knopfartigen Knäufen. Kuban-Gebiet. Nach Materialy 37 (1918) Tf. III 5.

auf das Ende der Griffangel durchlocht und ist oft in Gold eingefaßt, wobei häufig diese Goldfassung wiederum mit bunten Stein- oder Emaileinlagen, in Verbindung mit getriebenen und gepunzten Verzierungen, geschmückt ist. Ein besonders schönes Beispiel dieser Knaufform zeigt der auf Tf. 27 b abgebildete Knauf eines Schwertes von Kerč. Er besteht aus einer runden flachgewölbten Chalcedonscheibe (Dm 5,4 cm), die in der Mitte durchbohrt ist, um auf das Ende der Griffangel des Schwertes aufgesetzt werden zu können. Die Verbindungsstelle ist oben mit einem runden, stark gewölbten Goldknopf bedeckt, der mit Filigranverzierungen und eingelegten Granaten reich geschmückt ist. Die Zahl dieser Schwerter aus dem Kubangebiet und den Kerčer Gräbern der ersten 3 Jahrhunderte nach C. ist groß, aber nur wenige von ihnen sind publiziert worden. Das bekannte von Ašik 1841 bei Kerč aufgedeckte Grab, das unter anderem Goldplaketten mit Abdrücken von Münzen Reskuporis II. (210/11—228/29) enthielt, hat auch Waffen dieser Art geliefert. An der rechten Seite des Bestatteten lagen eine Lanze, eine Messerklinge und ein Schwert, welches noch nicht veröffentlicht ist. Daselbst lag auch ein Dolch, welcher die charakteristische Art der Dekoration des Knaufes aufweist (Tf. 27 c)[1]). Der Griff des etwa 40 cm langen Kurzschwertes mit kurzer, gerader Parierstange ist mit Gold bekleidet und mit eingefaßten Steinen in senkrechten Reihen sowie einem der für diese Zeit charakteristische Zeichen, einem sog. Tamga, versehen.[2])

Der flache runde Knauf aus Chalcedon ist mit einer Goldrosette geziert, die ihrerseits mit Email und farbigen Pasten in Cloisontechnik bedeckt ist. In der Eremitage befinden sich eine Anzahl Reste von ähnlichen Dolchgriffen. Ein runder profilierter Goldknauf mit dem dazu gehörigen runden Achat von einem durch Rost zerstörten Kurzschwert befand sich in einem ebenfalls von Ašik 1841 bei Kerč aufgedeckten Kurgan (Tf. 27 a)[3]). Besonders häufig ist die Verzierung der Schwertgriffe mit in Goldbelag gestanzten geometrischen Ornamenten in den Gräbern der Kubangruppe dieser Zeit.[4])

Ein interessanter Goldbelag eines solchen Schwertgriffes wurde im Zubov-Kurgan gefunden. Die gerade Parierstange ist mit dünnem Goldblech belegt, in dem geometrische Verzierungen gepunzt sind, den Belag der Griffstange zieren Kreise. Der Knauf hat die Form zweier ‚verwachsener' Raubvogelköpfe. Der Griff ist noch nicht publiziert.[5]) Ein ähnlicher Goldbelag eines Schwertgriffes wurde 1906 ebendort im Kurgan 3 gefunden.[6])

Tf. 27 h zeigt ein Beispiel des gewöhnlichen Kurzschwertes aus den Kubangräbern.[7]) Die Klinge ist breit mit kurzer Spitze. Der Griff, dessen Umkleidung wohl aus vergänglichem Material bestand und darum nicht erhalten ist, hat eine gerade Parierstange und den typischen runden Knopf als Knauf, der hier aus einem durchlochten Stein besteht. Die Häufigkeit dieser Schwertknaufform beweist eine

---

[1]) Antiquités du Bosphore-Cimmérien Tf. XXVII 7, Beschreibung der Tafel S. 26; Ašik, Das Bosporanische Reich II 41 § 39; Ch. de Linas, Origines de l'orfèvrerie cloisonnée Paris 1878 II S. 114; Materialy 37 (1918) S. 52.

[2]) Es sind Embleme von vielleicht apotropäischer Bedeutung oder auch Anfänge einer lokalen, vielleicht sarmatischen Schrift, da sie auf einigen Grabsteinen Inschriften zu bilden scheinen und auf den verschiedensten Sachen des 2.—3. Jh. n. C. in Südrußland und auch in Ungarn und im germanischen Norden anzutreffen sind. Vgl. Ebert, Präh. Zeitschr. I (1909) S. 69ff.; Rostovcev, Dekorative Malerei I S. 298; Škorpil, Izvěstija 37 S. 23f.; ebd. 40 S. 112f.; W. Antoniewicz, Przegląd Archeologiczny 1 (1919) S. 99ff.

[3]) Antiquités du Bosphore Cimmérien Tf. XXVII 8 Text S. 168.

[4]) Vgl. Veselovskij, Die Kurgane des Kubangebietes.

[5]) Beschreibung von Rostovcev, Materialy 37 (1918) S. 53.

[6]) Otčet 1892 S. 26 Nr. 23.

[7]) Materialy 37 (1918) Tf. III 5.

große Anzahl der runden flachen Steinknöpfe von solchen Knäufen in den südrussischen Sammlungen.[1])

Die wichtigsten, zum Teil für die Datierung wertvollen Funde dieses Schwert- und Dolchtypus sind folgende:

Auf dem Glinišče bei Kerč, beim Hutor Bavrov, wurde eine Männerbestattung in einem Holzsarge aufgedeckt. An der rechten Seite des Bestatteten lag ein Schwert mit einem Knauf aus Chalcedon, der in einer mit 9 Rubinen geschmückten Goldfassung saß und ein Dolch mit einem rundem Bernsteinknauf (Otčet 1862 S. XIV).

1902 wurde in einem durch eine Münze aus der Zeit des Aspurgos bis 38 n. C. datierten Grabe an der rechten Seite des Skelettes eine 93 cm lange Schwertklinge gefunden mit einem Topas vom Knauf des Schwertes. An der linken Seite lag ein 23 cm langer Dolch (Izvěstija 9 S. 108ff. Nr. 383).

Ebensolch ein Schwert wurde in einem viel späteren, durch eine Münze Sauromates III. datierten Grab gefunden (229/30—232/33 n. C.; Izvěstija 9 S. 108ff. Nr. 436).

Ein anderer Schwertfund dieser Art ist durch Kupfermünzen Mithradates VII. und des Aspurgos datiert (Izvěstija 2 S. 49 Nr. 52).

An der rechten Seite eines Skelettes wurde ein 74 cm langes Schwert gefunden mit einem Chalcedon vom Knauf des Griffes (Izvěstija 17 S. 29ff. Nr. 179).

Ein Schwert, ebenfalls rechts vom Bestatteten gefunden, zusammen mit Bruchstücken eines Messers ist durch eine Münze Rheskuporis I. (69—92 n. C.) datiert (Izvěstija 17 S. 29ff. Nr. 220).

Ein 111 cm langes Schwert, rechts vom Bestatteten, mit einem Chalcedonknauf, dessen Mitte eine Goldverzierung trägt, die das Ende der Griffangel deckt; daselbst zwei Messer. Im Grabe wurde eine Münze gefunden, deren V.S. ganz verwischt war, die R.S. trägt die Buchstaben M. H. im Kranz (Izvěstija 17 S. 29ff. Nr. 244).

Ein 112 cm langes Schwert in einer Holzscheide und mit holzumkleidetem Griff und einem Onyx vom Knauf, mit Bruchstücken eines Dolches, der einen Bernsteinknauf gehabt hat (Izvěstija 17 S. 29ff. Nr. 310).

Ein 95 cm langes Schwert an der linken Seite des Toten, dessen linke Hand auf dem Schwertgriffe lag, der einen Bernsteinknauf trug. An der rechten Seite befand sich ein Dolch (Izvěstija 25 S. 58ff. Nr. 189).

Ein 84 cm langes Schwert in einer Holzscheide mit einem Bronzebeschlag am Scheidenende links vom Toten. Dabei Bronzebeschläge vom Gürtel und Wehrgehänge mit zwei bronzenen und zwei eisernen Schnallen (Izvěstija 25 S. 58ff. Nr. 198).

Ebenfalls in einer Holzscheide an der linken Seite des Toten ein 81 cm langes Schwert (Izvěstija 35 S. 36ff. Nr. 81).

Ein 75 cm langes Schwert in Holzscheide und mit holzumkleidetem Griff. Der Knauf bestand aus einer harten weißen (nicht näher bestimmten) Masse (Izvěstija 47 S. 69 Nr. 82).

Alle oben genannten Funde sind in der vom Flüßchen Melek-Česme von Kerč getrennten Vorstadt Glinišče gemacht worden. Die Nekropole am neuen Karatin (Quarantaine) von Kerč hat folgende Schwertfunde geliefert:

Ein Schwertknauf kubischer Form aus schwarzem Stein (Otčet 1880 S. XXII).

Ein Knauf aus weißem Topas, der oben mit einem durch 5 Edelsteine geschmückten Goldblech verziert ist (Otčet 1889 S. 9).

[1]) Vgl. Materialy 37 (1918) Abb. 31. Zusammenstellung solcher Griffknäufe aus der Kerčer Nekropole. Eine größere Zahl solcher Stücke befindet sich in der Berliner Staatssammlung (Slg. Massonneau).

Ein Schwertknauf aus Chalcedon (Otčet 1882—1888 S. CLXX).

Ein durch eine Münze des Reskuporis I. datierter Dolch (Izvěstija 1 S. 88 Nr. 61).

Ein 77 cm langes Schwert mit Holzscheide links vom Bestatteten (Izvěstija 47 S. 31ff. Nr. 106).

Eine Reihe von Funden desselben Charakters wie die oben angeführten stammen auch aus der Nekropole vom Mithradatesberg. (Vgl. die Zusammenstellung bei Rostovcev, Skythien S. 236ff.)

Die überwiegende Mehrzahl dieser Schwerter aus den Nekropolen von Pantikapaion gehört den ersten nachchristlichen Jahrhunderten an. Die Form der Schwerter bleibt auch in den folgenden Jahrhunderten dieselbe, jedoch sind die Funde aus dieser Zeit viel seltener. In den Gräbern des 3. und 4. Jh. n. C. treten sie schon zusammen mit Sachen von sog. gotischen Stil auf. Ein Beispiel aus dieser Zeit bietet die Grabkammer Nr. 145 in Kerč, wo die vollständige Ausrüstung eines schwer bewaffneten Reiters aufgefunden wurde. Die Bewaffnung bestand aus einem Schwert und einem Dolch, ähnlich den hier beschriebenen, und einem Schild. Alle Metallteile der Waffen und des Pferdegeschirres sind reich mit farbigen Steinen, Glas und Email verziert. Bei dem Bestatteten wurde ein goldener Kranz mit dem Abdruck einer Münze des Gordianus (238—244) aufgefunden. Die Grabkammer Nr. 154 enthielt eine ähnliche Bestattung mit ebensolcher Ausrüstung des Toten, zu der hier noch Lanzen und Pfeile hinzutraten. Auch dieses Grab ist durch einen goldenen Kranz mit dem Abdruck einer Münze des Valentinianus datiert (Izvěstija 25 S. 41f.).

Eine große Zahl von Dolchen und Schwertern haben auch die von N. I. Veselovskij seit 1895 ausgegrabenen Kurgane der hellenistischen und römischen Zeit im Kubangebiet geliefert. Leider fehlt es auch hier an eingehenden, alle Einzelheiten berücksichtigenden Publikationen. Ich will darum die nur ganz allgemeinen Äußerungen Veselovskijs in seiner Zusammenfassung hier wörtlich anführen: „Die Schwerter sind aus Eisen, zweischneidig und nicht breit, manchmal ist der Schwertknauf mit einem großen Blech oder einem Wulst aus einem Stein mit metallenen goldenen oder bronzenen Auflagen geschmückt. Die Größe der mehr oder weniger gut erhaltenen Schwerter: 1. das von mir in der Tifliskaja Stanica 1901 zusammen mit dem von Lenz beschriebenen Helm und Panzer gefundene ist mit dem Griffe 82 cm lang, wobei der Griff 6 cm lang ist, die Klingenbreite beträgt 4 cm. Die Spitze des Schwertes ist abgebrochen. 2. Das Schwert aus dem Funde in der Novokorsunskaja Stanica, der beim Graben eines Kellers gemacht wurde. Den Schwertgriff schmücken ein weißer runder Stein, der auf dem Stiel (Griffangel) durchlocht aufgesetzt ist, und ein oben auf dem Stein aufgesetztes Goldblech mit Verzierungen und farbigen Steinen. Es hat eine Gesamtlänge von 94 cm, die Länge des Griffes beträgt 14 cm, die Klingenbreite 3,5 cm: „Die Dolche," sagt Veselovskij, „sind aus Eisen und von recht großen Ausmaßen. Der Griff ist manchmal mit einem durchbrochenen Goldplättchen augenscheinlich direkt auf dem Eisen befestigt (aufgegossen) versehen. Das Kurzschwert von der Vozdviženskaja Stanica mit einem Ringknauf ist 55 cm lang. Der Griff mit dem Ring 13 cm, ohne Ring 9 cm, die Klingenbreite unter der Parierstange 4 cm. Der mit dem Schwert von der Novo-Korsunskaja Stanica zusammen gefundene Dolch hat mit dem Griffe eine Länge von 37 cm, der Griff 5 cm; Klingenbreite 4 cm. Der von mir 1902 gefundene Dolch aus dem Kurgan in der Ladožskaja Stanica ist ohne den Griff 42 cm lang und 4 cm breit" (vgl. Rostovcev, Skythien S. 562f.).

Das oben angeführte, von Veselovskij entworfene Bild der Schwerter und Kurzschwerter aus dem Kubangebiet entspricht, wie wir sehen, ganz dem der Kerčer Schwertfunde. Wir haben auch hier zwei den Ausmaßen nach scharf getrennte Gruppen von Schwertern und Kurzschwertern, die häufig zusammen gefunden werden und die schon besprochene Art der Griffverzierung mit einem knopfartigen Knauf aus in Gold gefaßten Edelsteinen haben. Schwertscheiden dieser Zeit sind nur selten erhalten und nur von Kurzschwertern. Die in den Fundberichten häufig erwähnten Scheidenreste aus Holz gestatten nicht, über Einzelheiten der Scheidengestaltung zu urteilen. Goldbeschläge, die die Form der Scheide wiedergeben, sind uns nur bei Kurzschwertern erhalten. Ein Kurzschwert mit erhaltener Scheide wurde bei Gurzuf, Gouv. Taurien, gefunden (Tf. 27 e)[1]). Der Schwertgriff ist mit dünnem unverziertem Goldblech bekleidet und hatte, nach der Form des Scheidenmundes zu urteilen, eine gerade Parierstange. Den Knauf bildet ein halbrunder goldener Knopf, längs dessen Rand 8 rote Steine in Zellen eingebettet sind, die Mitte wird von einem gleichen, größeren Stein eingenommen. Die Holzscheide ist mit dünnen Goldstreifen bedeckt, und zwar auf beiden Seiten. Zu beiden Seiten des oberen Scheidenrandes befinden sich halbrunde Ansätze, die die Parierstange des Griffes aufnehmen. Diese Ansätze sind auf beiden Seiten mit flachen Goldplättchen geschmückt, die durch einen Kreis aus gekerbten Golddraht und kleinen, ursprünglich mit Email verzierten Zellen begrenzt sind. Die Mitte dieser aufgesetzten runden Plättchen schmückt je eine vierblätterige Rosette. Das untere Ende der Scheide und der Klinge ist abgebrochen. Die Gestaltung des oberen Scheidenteiles mit den seitlichen, mit runden Rosetten geschmückten Ansätzen erinnert an schon in anderem Zusammenhang behandelte Scheidenformen. Ansätze zu jeder Seite des oberen Scheidenrandes hatten die Scheiden der Schwerter mit gerader Parierstange von Buerov und Prochorovka (Tf. 23 a, b, f), aber abweichend, in gewissem Sinne noch von konstruktiver Bedeutung, mit einem Ösenloch versehen, was bei der Scheide von Gurzuf nicht der Fall ist.

Die Orenburger Schwertscheiden unterscheiden sich von der hier behandelten auch dadurch, daß bei ihnen die Goldbekleidung der Scheide sich nur auf der einen, vorderen Seite befindet, ein, wie wir gesehen haben, auch für den skythischen Akinakes charakteristischer Zug. Die Scheide von Gurzuf ist auf beiden Seiten mit Gold umkleidet und steht ihrer Form nach den schon erwähnten Scheiden der Kurzschwerter von den Reliefs des Grabmals des Königs Antiochos I. von Kommagene auf dem Nemrud-Dagh[2]) in Nordsyrien äußerst nahe (Tf. 25 b, 26). In beiden Fällen ist die Scheide am oberen Rand mit seitlichen Ansätzen versehen, die bei einem Kurzschwert von den Reliefs (Tf. 26 b) sogar dieselbe Rosettenverzierung trägt. Auch die Form der Scheide mit parallel verlaufenden Seiten ist gleich. Bei der Scheide von Gurzuf fehlt der untere Teil, kann aber wohl mit ziemlicher Sicherheit in der Art der Schwertscheiden von den Grabreliefs ergänzt werden und wird am unteren Scheidenende die rosettenartigen Ansätze wiederholt haben und mit einer gleichen Verzierung unten abschließen, wie es die Scheiden auf den Grabreliefs zeigen. Das Grabmal auf dem Nemrud-Dagh gehört in das 1. Jh. v. C. und ist also viel älter als das hier behandelte Schwert, das wohl aus dem 2.—3. Jh. n. C. stammt. Die Länge des erhaltenen Schwertteiles beträgt etwa 27 cm und die Form des Schwertes von Gurzuf ist eine bedeutend schlankere als die der Kurzschwerter von den Grabreliefs. Die abgebildeten Kurzschwerter vom Grabmal haben in einem Falle den Antennenknauf, der bei den aus Rußland bekannten Schwertern mit gerader Parierstange nur beim Schwerte aus dem Buerov-Grab (Tf. 23 a, b) und denen aus der Sammlung des Omsker Museums (Tf. 24 a) vorkam. Die beiden anderen haben den im vorigen Abschnitt behandelten Ringknauf. In der Vorderasiatischen Abteilung der Staatlichen Museen

---

[1]) Otčet 1902 S. 135 Abb. 238 a, b.

[2]) Humann-Puchstein, Kleinasiatische Reisen.

in Berlin (V. A. 980) befindet sich ein Bruchstück eines Reliefs desselben Grabmals, das ein Kurzschwert wie die anderen aufweist, dessen Knauf aber nicht eine Antenne oder einen Ring trägt, sondern, soweit es der verwitterte Zustand der Darstellung erkennen läßt, einen rundlich gebildeten massiven Knauf hat (Tf. 26 a). Es ist augenscheinlich eine mit den südrussischen vollständig übereinstimmende Schwertform. Die schon erwähnten bosporanischen Reiter auf den südrussischen Grabstelen haben, soweit die Darstellungen es erkennen lassen, fast immer an dem auf dem rechten Schenkel getragenen Kurzschwert den Ringknauf (Tf. 30). Nur in einem Falle ist auf einem gut erhaltenen Relief[1]) deutlich ein Kurzschwert zu erkennen, das keinen Ring, sondern einen runden massiven Knauf hat, ähnlich wie auf dem Relieffragment von Nemrud-Dagh und bei den hier behandelten Kurzschwertern aus den südrussischen Funden. Einen Dolch mit dieser Knauf- und Scheidenform trägt auf dem linken Schenkel ein parthischer oder skythischer bogenschießender Reiter auf einer Terrakotte hellenistischer Arbeit aus Syrien (Tf. 32 a). Daß der Dolch hier auf dem linken und nicht, wie gewöhnlich, auf dem rechten Schenkel des Reiters befestigt ist, beruht wohl darauf, daß man bei dem nach links Reitenden auf der Reliefdarstellung die für ihn charakteristische Waffe nicht weglassen wollte. Außer diesem am rechten Schenkel in der Art des skythisch-persischen Akinakes getragenen Kurzschwerte, gehört zur Bewaffnung der Pantikapäer auch noch ein Langschwert, das an der linken Seite oder noch häufiger bei Berittenen am Goryt befestigt wird. Die Form dieser Waffe ist auf den Reliefs in den Einzelheiten nicht zu verfolgen. Jedoch lassen der rundgebildete Knauf und die anscheinend gerade Parierstange, die oft ganz fehlt, vermuten, daß es sich um ähnliche Schwerter handelt, die uns aus gleichzeitigen südrussischen Grabfunden bekannt sind.

Die Form des Knaufes dieser Langschwerter ist dieselbe wie bei den oben behandelten Kurzschwertern. Es ist immer eine knopfartige mehr oder weniger gewölbte Form, die aus einem ganzen Halbedelstein oder aus Holz, Bronze oder Gold mit eingelegten farbigen Steinen besteht. Die Parierstange ist gerade, fehlt aber häufig oder hat sich nicht erhalten.

Ein gutes Beispiel dieser Langschwertart bietet das fast meterlange Schwert aus der Novokorsunskaja Stanica im Kubangebiet (Tf. 27 f)[2]). Das Schwert hat eine flache Klinge mit parallel verlaufenden Seiten und kurzer stumpfer Spitze. Der Griff ist ohne Parierstange und hat einen Knauf, bestehend aus einem runden gewölbten Bronzeblech, das mit Gold umkleidet ist und Verzierungen aus Filigran und Granulation trägt. Die Mitte schmückt ein großer Agalmatolith, der von eingesetzten Steinen und blauem Glas umgeben ist. Ein anderes Beispiel aus dem Kubangebiet zeigt ein Schwert (Tf. 27 g), bei dem der Knauf aus einem einzigen runden knopfartigen Stein gebildet war.[3])

Schwertscheiden dieser Langschwerter oder Reste von solchen, die näheres über deren Form schließen ließen, sind mir nicht bekannt. Eine Schwertscheide wird von Kareiša aus einem Grabe der frühen römischen Zeit erwähnt.[4]) Die Holzscheide des Schwertes trug hier eine mit Kannelüren versehene Goldbekleidung, über die Form der Scheide selbst ist nichts festgestellt worden. Bei den Schwertern der Reiterdarstellungen auf den Grabreliefs und den Münzen sind Einzelheiten der Scheidenform nicht zu erkennen. Näheres über die allgemeine Form der Scheide unserer Langschwerter läßt vielleicht eine Schwertdarstellung auf dem Grabstein des *ΓΑΖΟΥΡΙΟΣ* erkennen. Es ist das der untere Teil einer

[1]) Kieseritzky-Watzinger, Südruss. Grabreliefs Tf. XL 606.
[2]) Otčet 1902 S. 135 Abb. 240 a, b, f; Materialy 37 (1918) S. 52.
[3]) Materialy 37 (1918) Tf. III 5.
[4]) Antiquités du Bosphore Cimmérien S. 72.

Grabstele, die an der Südmauer von Chersonesos gefunden wurde[1]) und Darstellungen von Waffen trägt. Das hinter dem länglich-ovalen Schild hängende Schwert hat einen knopfartigen Knauf und nach der Gestaltung des oberen Scheidenrandes zu urteilen, auch eine gerade Parierstange. Die Scheide verjüngt sich anscheinend nach unten, um sich ganz am Abschluß zu verbreitern und gerade abgeschnitten zu enden. Die Scheidenbahn ziert der Länge nach ein schräg geriefelter Streifen. Die eigenartige Gestaltung der Schwertscheiden der skytho-sarmatischen Schwerter mit seitlichen Ansätzen für die Tragöse oder von solchen rein dekorativer Natur scheint also bei den Scheiden dieser Langschwerter, die ja auch sonst abseits von den bisher behandelten Schwertformen stehen, zu fehlen.

## d) DIE SCHWERTSCHEIDEN UND DIE BEFESTIGUNGSART DER SCHWERTER

Für die Frage der Gestaltung der Schwertscheiden und ihrer Befestigung am Wehrgehänge sind einige Schwerter aus auch in anderer Beziehung interessanten Funden von Wichtigkeit und verlangen eine eingehendere Betrachtung. Hierher gehört das verhältnismäßig gut erhaltene Schwert aus dem sog. Messaksudi-Fund, der 1920 mit anderen Altertümern aus Südrußland in den Besitz des Louvre in Paris gelangte und von Reinach und Rostovcev veröffentlicht wurde.[2])

Über die näheren Fundumstände liegt ein kurzer Bericht vor, den die Frau des früheren Besitzers des Fundes, eines Herrn Messaksudi aus Kerč, von E. Pottier veranlaßt, aus dem Gedächtnis — 2 Jahre nach seiner Entdeckung — niedergeschrieben hat. „Das Grab wurde im Sommer 1918 von Ausgräbern, die auf Rechnung des Herrn Messaksudi arbeiteten, entdeckt. Nach dem Bericht der Frau Messaksudi lag die Fundstelle auf einem Hügel, nahe beim Mithradatesberg. Vom Meer aus gesehen, liegt der Hügel zur Linken. Im Abhang desselben fand man drei Gräber, von denen zwei, nahe beieinander liegend, geplündert, das dritte intakt war. Die Gräber bestanden aus großen Platten, die aneinander gestellt waren. Weder Spuren von Särgen noch von Knochen fanden sich hier. Den Vorderteil des dritten Grabes bildete eine skulptierte Platte, die sich noch auf dem Hofe von Herrn und Frau Messaksudi befindet. Auf ihr war ziemlich grob gearbeitet, aber wohl erhalten, eine Darstellung: eine sitzende Person, neben ihr ein Diener und ihr gegenüber ein Reiter. Die Gegenstände des Grabes waren schon von den Ausgräbern berührt und angefaßt (maniés). Frau Messaksudi argwöhnt, daß sie einen Ring, einen Gegenstand, den man leicht verstecken konnte, gestohlen hätten. Die Pyxis war mit grobem Stoff, eine Art von gewebter Leinwand, bedeckt, die bei der Berührung zu Staub zerfiel. Die verschiedenen Teile des Schwertes schienen an ihrem Platz zu sein. Der Knauf nahe bei dem silbernen Griff. Die Krone lag bei dem Schwert; die übrigen Gegenstände waren zerstreut."

Soweit der Bericht, der ein typisches Bild der in den fundreichen Gegenden Südrußlands entwickelten Raubgräberei gibt.

Der im Besitz des Herrn Messaksudi gelangte Fundkomplex enthält u. a. folgende, für die Datierung des Grabes wichtige Gegenstände:

1. Ein aus dünnem Goldblech hergestelltes Diadem, nach hinten zu schmäler werdend, mit eingestempeltem geometrischen Pflanzenornament. Auf der Vorder-

---

[1]) Otčet 1894 S. 26 Abb. 23; Minns, Scythians S. 507 Abb. 339.

[2]) S. Reinach, Les acroissements des musées nationeaux français 3 (1912) S. 35ff.; vgl. dazu F. de Mély, Souvenirs d'un archéologue XII: Emaux et émailleurs in Le Cousin Pons Nr. du 1er octobre S. 221ff.; M. Rostovcev, Une trouvaille de l'époque gréco-sarmate de Kertch. Monuments et mémoires publ. par l'académie des inscript. et belles lettres. Fondation E. Piot 25 (1923) S. 99ff.

seite Abdruck einer Großbronze des Kaisers Commodus mit der Legende M. AUREL COMMODUS. ANTONINUS AUG., umgeben von je drei aufgehefteten Sellerieblättern. Gr. Br. 1,9 cm.

2. Drei Goldbrakteaten nach Silberdenaren des Kaisers Pupienus, der im Jahre 238 n. C. 99 Tage regierte. Legende: IMP. CAES. PUPIENUS MAXIMUS AUG. (Cohen V 14 Nr. 21).

3. Eine goldene Fibel mit umgeschlagenem Fuß, eine sechseckige Pyxis mit Emailverzierung in Millefioritechnik, silberne Schnallen, Riemenzungen usw.

Das Grab ist durch die Brakteaten des Pupienus in die 2. Hälfte des 3. Jh. datiert. Dem entspricht auch der Gesamtcharakter des Inventars, und, nach den Angaben der Frau Messaksudi zu urteilen, auch die Anlage des Grabes. Grabstelen wie die im Bericht erwähnte mit Darstellungen heroisierter Toten gehören in das 1. und die 1. Hälfte des 2. Jh. n. C. Aus dem 3. Jh. sind derartige Stelen nicht bekannt.[1]) Diese Stelen werden aber später, besonders im 3.—4. Jh., häufig beim Anlegen neuer Gräber als Baumaterial benutzt.

Das uns hier interessierende Schwert wird als eins der wichtigsten Stücke des Fundes auch in der Publikation von Rostovcev eingehend behandelt und folgendermaßen beschrieben: Großes Schwert mit Griff und Parierstange; gegenwärtige Länge 91 cm (die eiserne Klinge ist unvollständig, die Spitze abgebrochen); Länge der Klinge 74 cm; gr. Br. 5 cm; hypothetische Lge. der ganzen Klinge 90 cm, des ganzen Schwertes mehr als 1 m. Die Parierstange ist aus weißem Jadeit, in der Form eines Parallelopipedons: Lge. 12,2 cm; Br. 2,6 cm; Dicke 1 und 2 cm. Die äußere Seite ist flach und poliert; die Rückseite setzt sich aus 3 Teilen zusammen: Der mittlere Teil ist von einer viereckigen Öffnung durchbohrt, um die eiserne Achse des Holzgriffs hindurchzulassen. Diese Achse besteht aus demselben Stück wie die Klinge. Die rechte Seite der Parierstange ist ausgehöhlt und bildet eine Art Haken; die letztere Seite ist abgesetzt, die Oberfläche glatt. Der Griff von ovalem Querschnitt besteht aus aufgelegtem Silberblech mit Längsgrat in der Mitte. Der Knauf des Schwertes wird von zwei aufeinander gelegten Scheiben gebildet; eine aus Silber, die andere aus Holz, durch die ein Silberstift geht, der am Ende ein Loch hat (um einen Nagel hindurch zu schieben, der den Knauf auf seiner Holzunterlage befestigte). Lge. des Knaufes 3 cm. Die obere Scheibe besteht aus goldplattiertem Silber, mit inkrustierten roten Steinen, die von einer Berandung eingefaßt sind. Am Rande Reste einer Zeichnung von bogenförmigen Motiven; Dm. 4,2 cm. Die untere Scheibe aus Holz ist beschädigt; Dm 2,9 cm. Ein Stück silberplattierten Holzes von konischer Form dürfte als Basis des Knaufes gedient und diesen mit dem Griff verbunden haben.

Wie wir sehen, beschreibt Rostovcev hier ein für diese Zeit in Südrußland gewöhnliches Langschwert vom Typus mit knopfartigem Griffknauf, das mit den von mir angeführten Beispielen dieser Gruppe bis auf die eigenartig geformte Parierstange aus Jadeit völlig übereinstimmt. Dieser in den sarmatischen Gräbern Südrußlands häufige Schwerttypus wird mit anderen Stücken der sarmatischen Ausrüstung (Spangenhelm, Panzer, Kurzschwert) auch in Gräbern bosporanischer Krieger gefunden, die auch auf den Darstellungen der Grabstelen und Fresken aus den Grabkammern ein Langschwert tragen, das hier allerdings in den Einzelheiten schwer zu bestimmen ist. Rostovcev kennt eine Reihe solcher Schwerter, angeblich mit Parierstangen aus Jadeit oder Nephrit von Kerč im dortigen Museum (a. a. O. S. 130ff.) und bedauert, die ihm zur Zeit nicht zugänglichen Stücke nicht abbilden zu können. Er hat sie früher gelegentlich studiert und sich Notizen gemacht,

[1]) Vgl. Kieseritzky-Watzinger, Griechische Grabreliefs aus Südrußland 1909; Rostovcev, Dekorative Malerei S. 176.

welche er leider nicht bei sich hat, aber er beruft sich auf die nähere Beschreibung von Schwertern derselben Form in seiner Arbeit über Funde aus den Kurganen des frühen und späten Hellenismus im Orenburggebiet[1]), wo auch 17 aus Jadeit und Halbedelsteinen bestehende runde, durchlochte Scheiben von Schwertknäufen dieses Typus abgebildet sind. Die dort angeführten und von uns als Beispiele dieser Schwertform behandelten Stücke, wie die Dolche aus dem Grabe der „Königin mit der Goldmaske" (Tf. 27 c) und von Kerč (Tf. 27 a), sowie die Schwerter aus der Novokorsunskaja Stanica und aus dem Kubangebiet (Tf. 27 f, g) sollen überraschende Gegenstücke zum Schwerte des Messaksudi-Fundes darstellen. Nun wird dort bei der Beschreibung dieser Schwertform die eigenartige Parierstange aus Jadeit mit keinem Wort erwähnt und ist bei den angeführten Beispielen, die eine gerade Parierstange aus Eisen haben oder bei denen sie nicht erhalten ist, gar nicht vorhanden. Rostovcev kennt zwar mehrere solcher Jadeitstücke von Kerč und ist überzeugt, daß das historische Museum in Moskau und die Eremitage auch solche besitzen, kann aber kein bestimmtes Beispiel anführen, bei dem eine Parierstange dieser Form in situ erhalten wäre. Da er nun besonders hervorhebt, daß das Messaksudi-Schwert eines der ganz wenigen ist, das in allen Teilen wohl erhalten sei, so scheint es, daß letzteres auch für die Bestimmung der Form der übrigen, ihm zur Zeit nicht zugänglichen Schwerter ausschlaggebend war.

Das häufige Auftreten von Jadeit- und Nephritarbeiten zu dieser Zeit in Südrußland ist sehr auffällig und veranlaßt nach den Ursprung dieser Erscheinung zu forschen. In der Slg. Berthier de la Garde in Paris befindet sich ein seiner Form nach der sog. Parierstange des Messaksudi-Schwertes entsprechender Gegenstand aus Jadeit, der mit rein chinesischen Ornamenten verziert ist (Tf. 29 a). Da nun in China, besonders zur hier in Frage kommenden Zeit der Han-Dynastie (206 v. C. bis 220 n. C.), Jadeit und Nephritgegenstände eine besondere Rolle spielen, so wird auch der Gebrauch dieses Materials und die Formen der Gegenstände in Südrußland aus dem fernen Osten herzuleiten sein.[2]) Tatsächlich wird in China Jadeit zu Parierstangen, Scheidenmundblechen und Ortbändern häufig verwandt, und Laufer (Jade Abb. 162—165) gibt Abbildungen von Gegenständen der Slg. Wu aus weißem Jadeit, genau derselben Form, wie das Stück aus der Slg. Berthier de la Garde und die „Parierstange" unseres Schwertes. — In der Slg. des Ku yü tʻu pʻu (Kap. 59) sind eine Zahl von ähnlichen langen und viereckigen Jadeitgegenständen beschrieben und als Wei bezeichnet, d. h. als Verzierungen, die am oberen Ende von Schwertscheiden angebracht werden und ihrer Befestigung am Wehrgehänge dienen. — Laufer (a. a. O. S. 256) hält diese Erklärung des Gebrauchs solcher Gegenstände im Ku yü tʻu pʻu (Kap. 2, S. 9) für offensichtlich unmöglich und irrig. Er schließt sich der Meinung des Wu Ta-chʻêng, eines kompetenten chinesischen Archäologen, an, der sie für einfache Gürtelhacken erklärt.

Das Messaksudi-Schwert mit dem Jadeitstück als Parierstange und der Fundbericht, wonach die verschiedenen Teile anscheinend in ihrer ursprünglichen Lage gefunden wurden, veranlassen Rostovcev, sich den älteren chinesischen Autoren

---

[1]) Materialy 37 (1918) S. 51 ff.

[2]) Über Jadeiterzeugnisse in China vgl. B. Laufer, Jade, a study in Chinese archeology and religious. (Field Museum of Natural History Publ. 151. Anthrop. Ser. A 10 Chicago [1912]); Rasthorn, Wiener Beiträge zur Kunst und Kultur Asiens I (1926) S. 15. — Die große Bedeutung von Nephrit- und Jadeiterzeugnissen ist bemerkenswert, besonders da sie im eigentlichen China kaum vorkommen. Er wird im Yü-Kung (Schu 127) als einziger Tributartikel der Provinz Yung genannt, welche sich bis tief nach Innerasien erstreckte. In historischer Zeit wird er hauptsächlich aus der Gegend südlich von Khotan, aus dem K'unlun- (Karakorun)- Gebirge bezogen. Der Sage nach bewegen sich die dortigen Genien in einer zu Jadeit erstarrten Natur. Auch bei symbolischen und kultlichen Handlungen spielt der Jadeit in China eine große Rolle.

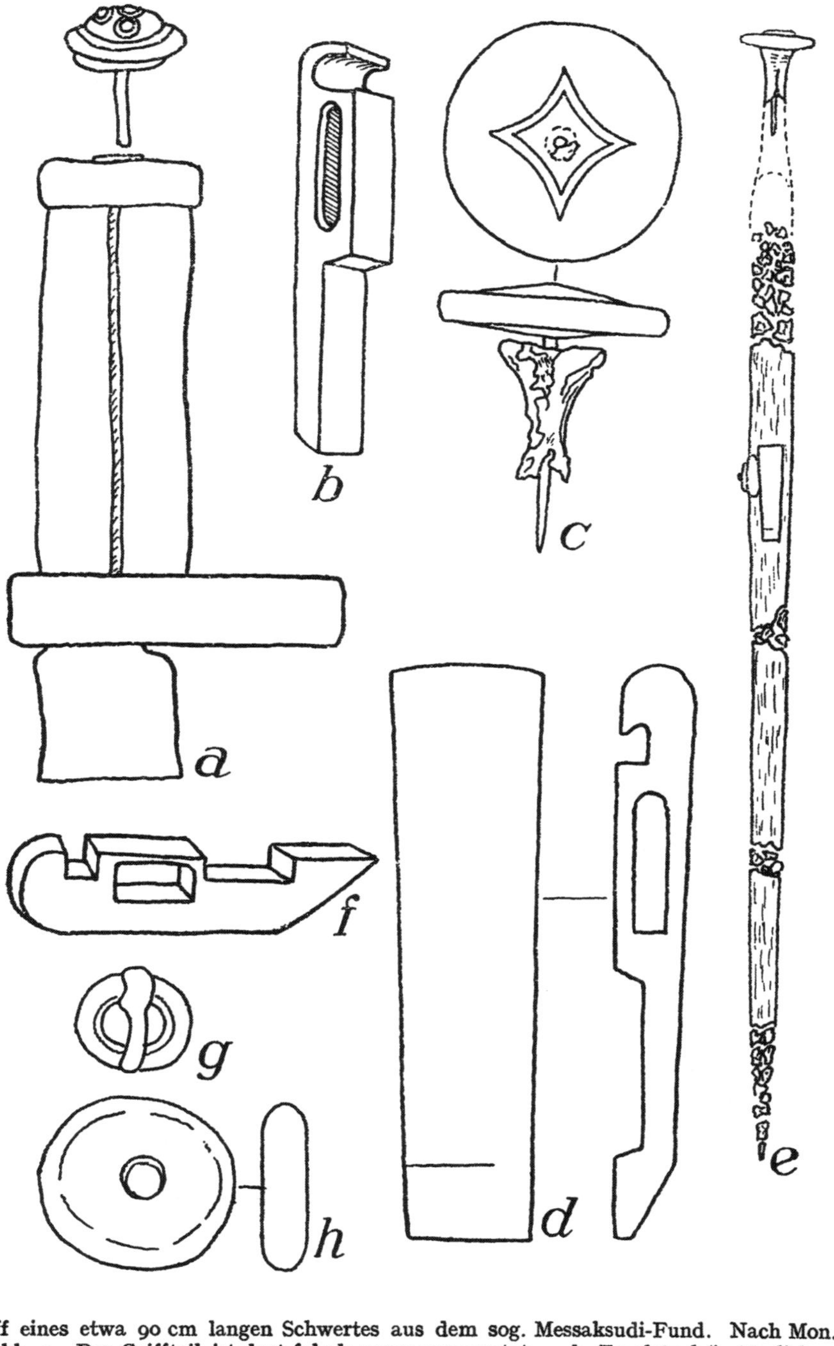


a. Griff eines etwa 90 cm langen Schwertes aus dem sog. Messaksudi-Fund. Nach Mon. Piot 1923 Abb. 5. Der Griffteil ist dort falsch zusammengesetzt. — b. Tragbügel (irrtümlich a. a. O. Parierstange genannt) aus Jadeit. L. 12,2 cm. — c—e, g, h. Schwert aus dem Hügel D 16 der Grabung Rau 1926 bei Alt-Weimar, Wolgadeutsche Republik. — c, d. Knauf und Tragbügel aus Chalcedon. — e. Schwert. L. 1,15 m. — f. Tragbügel aus Nephrit. Gefunden im Gouv. Perm. Nach Materialy 26 (1902) Tf. 2, 1. — g. Bronzene Schnalle. — h. Durchbohrte Schnalle aus dunkelgrünem Stein.

anzuschließen und die Gegenstände als Parierstangen oder Beschläge der Scheidenmündung von Schwertern zu bezeichnen, welche ihrer Befestigung am Wehrgehänge dienen, woraus auch ihre eigenartige Form zu erklären sei.

Die Erklärung der Befestigungsart bereitet Rostovcev Schwierigkeiten und ist unklar. Er meint, das Jadeitstück diene der Befestigung des Schwertes oder der Schwertscheide am Gürtel und ihrer Erhaltung in einer horizontalen Lage. Das Schwert hänge allgemein und wie auf den sassanidischen Bildwerken vermittelst eines Riemens oder einer Kette am Gürtel, aber wenn es notwendig ist, das Schwert in einer horizontalen Lage zu halten, so könne man es durch den doppelten Haken der Parierstange und des Scheidenbeschlages am doppelten Gürtel des Kriegers befestigen. Auf diese Weise wäre es möglich, die Jadeitgegenstände ebensogut als Beschlag des Scheidenmundes wie als Parierstange des Schwertes selbst zu gebrauchen.

Diese mir nicht ganz verständliche Deutung der Jadeitstücke ist nicht überzeugend. Ein Gegenstand von so ausgeprägter, zweifellos einem bestimmten Gebrauchszweck angepaßter Form kann unmöglich zwei ganz verschiedenen Anwendungen, als Parierstange und als Beschlag des Scheidenmundes, dienen, auch wenn man annimmt, daß er in beiden Fällen bei der Befestigung des Schwertes am Waffengurt eine Rolle spielt. Unnatürlich und dem Zweck als Waffe nicht entsprechend ist auch die Vermutung einer Befestigung des Schwertes durch die Parierstange, zu der sich schwerlich Parallelen finden lassen würden, da ein Schwert immer gebrauchsfertig frei in der Scheide liegen muß, um jederzeit zur Hand zu sein.

Betrachten wir einmal die Befestigungsweise der Schwerter auf den sassanidischen Denkmälern, auf die Rostovcev sich bei seinem Deutungsversuch beruft. Die sassanidischen Könige und Krieger auf den bekannten Felsreliefs und den zahlreichen Darstellungen auf Silberschüsseln tragen alle an der linken Seite ein Langschwert mit gerader Parierstange ähnlich den südrussischen Schwertern. Häufig ist auch der auf dem rechten Schenkel liegende Dolch bzw. das Kurzschwert (Akinakes; vgl. z. B. Tf. 34 a). Die Befestigungsweise dieser Schwerter ist besonders deutlich auf den Reliefs des Königs Sapor I. (242—272 n. C.) von Naksch i Redjeb und Naksch i Rustem bei Persepolis (vgl. Fr. Sarre, Die Kunst des alten Persien, Berlin 1922 Abb. 73, 74 und das Relief von Schapur Abb. 75). Das Schwert hängt an der linken Seite des Königs am doppelten Waffengurt, wobei der Riemen des Gürtels durch einen auf der Schwertscheide angebrachten Tragbügel gezogen ist. Das Schwert hängt frei an diesem Riemen und kann nach Bedarf beim Gehen und Reiten an der linken Seite getragen werden. Beim Stehen oder Sitzen wird es auf dem frei durch den Bügel laufenden Riemen nach vorne geschoben (Tf. 33 c), die typische Haltung des Schwertes bei den stehenden oder thronenden Sassanidenkönigen (z. B. der thronende Herrscher auf der Goldschale des Khusrau II., 590—628 n. C., der Nat.-Bibl. in Paris; Sarre a. a. O. Abb. 144.)

Ausschlaggebend für die richtige Erklärung der Bedeutung dieser Jadeitstücke ist ein 1926 gemachter Schwertfund aus der Grabung Rau.[1]) Das Schwert stammt aus einem Kurgan bei Alt-Weimar, Wolgadeutsche Republik, und wird im Zentralmuseum zu Pokrovsk aufbewahrt. Es war sehr verwittert und konnte nur unvollständig gehoben werden, ist aber wichtig, da zuverlässige, alle Einzel-

---

[1]) Der Fund ist nicht veröffentlicht. Die Angaben und die Zeichnung des Schwertes wurden mir von Prof. M. Ebert freundlichst zur Verfügung gestellt, dem ich auch den Hinweis auf die richtige Beurteilung des Messaksudi-Schwertes verdanke.

[Der Grabfund ist soeben veröffentlicht von P. Rau in Mitteilungen des Zentralmuseums Pokrovsk 2, 1 (1927) S. 36ff. Er wird durch eine Fibel mit umgeschlagenen Fuß wie Almgren, Fibelformen 157 (doch mit oberer Sehne), eine klingend hart gebrannte Tonamphora und einen sog. skyth. Bronzekessel späten Types (Rau a. a. O. Abb. 32 und 33; vgl. a. S. 5) zeitlich gut bestimmt. — Ebert.]

a

b

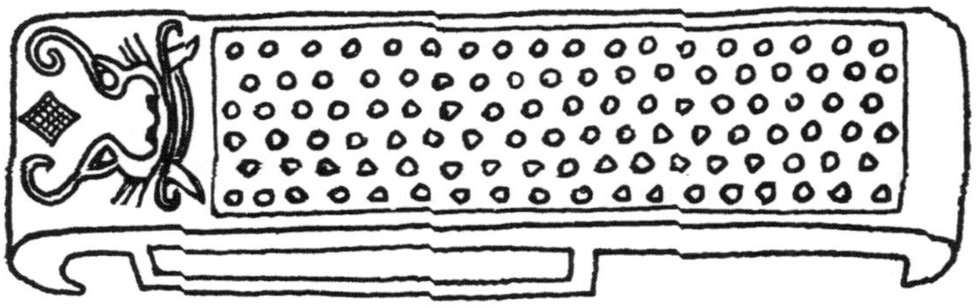

c

d

Chinesische Schwertscheiden-Tragbügel aus Jadeit: a. Sammlung Berthier de la Garde. Gefunden bei Kerč. Nach Mon. Piot 26 (1923) Abb. 22. — b—d. China. Nach B. Laufer *Jade* Tf. 33.

heiten berücksichtigende Beobachtungen vorliegen. Das Schwert (Tf. 28 c—e, g, h) hatte eine Gesamtlänge von 115 cm; die 4 cm breite Klinge war flach gewölbt mit weit ausgezogener Spitze. An der Klinge befanden sich aufgerostete Holzreste von der vergangenen Scheide mit zinnoberrotem Farbenanstrich. Der untere Griffabschluß und die Parierstange waren gänzlich verwittert und nicht zu erkennen. Ein Teil der Griffbekleidung hat sich am bronzenen Knaufnagel erhalten; er ist aus Holz und ebenfalls rot gefärbt. Der Griffknauf besteht aus einer runden, leicht gewölbten Chalcedonscheibe, die vermittelst eines bronzenen Nagels, der durch ein Bohrloch durch die Scheibe hindurchgeht, auf dem Schwertgriff befestigt war. Auf dem Nagel ist oben ein Rechteck mit eingezogenen Seiten aus Silber aufgelötet.

Die Gesamtabbildung des Schwertes (Tf. 28 e) zeigt alle Teile in ihrer ursprünglichen Lage. Auf der Klinge bzw. der verwitterten Schwertscheide befand sich (am oberen Ende) ein viereckiger langer Gegenstand aus Chalcedon (Tf. 28 d) von ganz derselben Form, wie die oben besprochenen sog. Parierstangen aus Jadeit. An der Seite am Ausschnitt des Chalcedonstückes lagen eine bronzene Schnalle (Tf. 28 g) und eine durchbohrte Scheibe (Tf. 28 h) aus dunkelgrünem Stein, blankpoliert.

Die Beobachtungen der Befestigungsweise der Schwerter auf den sassanidischen Denkmälern und die Lage des Chalcedonstückes beim Schwert von Alt-Weimar, wo es sicher auf der Schwertscheide befestigt war, lassen keinen Zweifel über die Bedeutung dieser Gegenstände übrig. Es sind weder Parierstangen noch Beschläge des Scheidenmundes, sondern Tragbügel, an dem das Schwert vermittelst eines Riemens oder des doppelten Waffengurtes am Gürtel hängt. Der zur Befestigung dienende Riemen wurde durch den rechteckigen Ausschnitt des Tragbügels gezogen, während die hackenförmigen einen Falz bildenden Enden der Befestigung des Bügels auf der Schwertscheide dienten, auf den ihnen entsprechende Aufsätze anzunehmen sind.

Das Messaksudi-Schwert, bei dem der Tragbügel aus Jadeit als Parierstange figuriert, ist augenscheinlich nach dem Auffinden an Ort und Stelle falsch zusammengesetzt worden. Das Fehlen von Schwertfunden mit richtigen Beobachtungen sowie der unsichere Fundbericht, nach dem die einzelnen Teile des Schwertes in ihrer ursprünglichen Lage gefunden sein sollen, haben die Direktion des Louvre-Museums getäuscht und Rostovcev bei der Beurteilung der Bedeutung dieser seltsam geformten Gegenstände irregeführt.

Neben der oben beschriebenen Befestigungsart des Schwertes zeigen die südrussischen Grabreliefs mit Darstellungen bosporanischer Reiter eine andere eigenartige Tragweise. Die Schwerter sind hier am Goryt befestigt, der am Sattel angebracht ist (Tf. 30). Auf einigen dieser Reliefs ist auch der Tragriemen und der auf der Scheide befestigte Tragbügel einigermaßen deutlich zu erkennen (so Kieseritzky-Watzinger, Südruss. Grabreliefs Tf. XLV 633 von Kerč, datiert in die Mitte des 1. Jh. n. C. und 647, Kerč, Melek Česme-Kurgan, 1.—2. Jh. n. C.).

Außer den von Rostovcev erwähnten aus Südrußland stammenden Tragbügeln, sind 3 solcher aus Chalcedon und 1 aus Nephrit bekannt, die im Gouv. Perm gefunden wurden (Tf. 28 f)[1]. Ein Bruchstück eines Tragbügels dieser Form aus Jadeit aus Kleinasien befindet sich im Louvre.[2])

Die Bruchstücke eines Reliefs vom schon in anderem Zusammenhang erwähnten Grabmal Antiochos I. auf dem Nemrud-Dagh in Nordsyrien mit der Darstellung

[1]) Finska fornminnesföreningens Tidskrift 25: 3 (1924) S. 23 Abb. 11 4—6; Materialy 26 (1902) Tf. II 1.

[2]) Bull. de la Soc. Nat. des Antiquaires de France 1920 S. 257; Rostovcev a. a. O., S. 132 Anm. 2.

a

b

c

d

a—d. Grabstelen von Kerč. 1.—2. Jh. n. C. Nach Kieseritzky-Watzinger, Südrussische Grabreliefs.

zweier Könige zeigen deutlich ein Schwert mit einem durch den Tragbügel laufenden Tragriemen.[1])

Das Auftreten gleichartiger Tragbügel aus Jadeit und anderem Material in Südrußland in den ersten 3 Jh. n. C. und in China zur Zeit der Han-Dynastie[2]) muß unbedingt in irgend einem Zusammenhang stehen. Da Nephrit und Jadeit, aus dem diese Bügel hauptsächlich hergestellt sind, sonst in Südrußland ungewöhnlich, in China aber, wie wir gesehen haben, sehr beliebt und verbreitet sind, so liegt es nahe, den Ursprung der südrussischen Stücke ebenfalls hier zu suchen, besonders, da Jadeitbügel von sicher chinesischer Herkunft aus Südrußland bekannt sind. Rostovcev (a. a. O. S. 134 Anm. 2) erwähnt einen in Kerč gefundenen Tragbügel aus der Sammlung Berthier de Lagarde, der mit rein chinesischen Ornamenten verziert ist (Tf. 29 a). Es ist zu berücksichtigen, daß diese Jadeitstücke Teile von Schwertscheiden sind, die u. a. in dieser und der folgenden Zeit, wie wir gesehen haben, eine charakteristische Form der Ausrüstung sassanidischer Krieger bilden. Nun ist der starke Einfluß der Iranier (Parther) auf die Chinesen der Han-Dynastie mehrmals hervorgehoben. Besonders deutlich zeigt sich das in der Übernahme iranischer Waffen und Ausrüstungstypen.[3]) Das Schwert der Han-Zeit ist lang mit gerader Parierstange[4]); neben dem Langschwert tritt auch hier eine Kurzschwertform mit Ringknauf auf. Die Chinesen übernehmen die iranischen Bogen und Pfeile, die schwere Lanze, Sattel und Pferdepanzer. Wir haben also keinen Grund, diese von der Tragweise bestimmte Scheidenform mit dem Bügelaufsatz irgendwie in direkte Beziehung zu China zu bringen. Wohl aber ist ein gemeinsamer Ursprung dieser in Südrußland und China auftretenden Form anzunehmen. Die Beziehungen Südrußlands zum iranischen Osten sind schon bei anderer Gelegenheit hervorgehoben. Den iranischen Einfluß auf die Chinesen der Han-Zeit will Laufer (a. a. O.) mit dem Hunneneinfall in Zusammenhang bringen. Die Schwert- und Scheidenform ist eine iranische und im iranischen Osten ist ihre Herkunft zu suchen. Die Bevorzugung des in China besonders beliebten Jadeits für die Tragbügel, die zugleich die Rolle eines schmückenden Beschlages der Schwertscheide spielen, kann eine Rückwirkung chinesischer Einflüsse sein, worauf auch das erwähnte sicher aus China importierte und in Kerč gefundene Stück hinweist.

Die hier beschriebenen Schwerter vom Typus mit gerader Parierstange und knopfartigem Knauf sind in Südrußland in den ersten 3 nachchristlichen Jahrhunderten vorherrschend, scheinen sich aber bis in das 5. Jh. n. C. gehalten zu haben. Für die Charakterisierung dieser späten, stilistisch stark abweichenden und in einer typisch gotischen Umgebung auftretenden Schwerter wichtig ist ein in der Hospitalstraße in Kerč gemachter Fund. Hier wurden im Sommer 1904 von Schatzgräbern zwei völlig intakte, reich ausgestattete Gräber entdeckt.[5]) Ein großer Teil der gefundenen Gegenstände wurde sofort einem Kerčer Sammler verkauft. Der Fund erregte Aufsehen und vom Verwalter des Kerčer Museums, V. V. Škorpil, wurde eine genaue Untersuchung der beiden Gräber angeordnet. Hierbei wurden noch eine Anzahl von den Raubgräbern übersehene Sachen gefunden, darunter auch zwei Teile von der Scheide des uns hier interessierenden Schwertes.

---

[1]) Gipsabguß in der Vorderasiatischen Abteilung der Staatl. Museen zu Berlin Nr. 980.

[2]) Datierung dieser chinesischen Stücke bei Laufer, Jade S. 256.

[3]) Vgl. darüber: B. Laufer, Chinese clay figures. Field Museum of Nat. History publ. 177. Anthrop. Ser. t. 13, 2. Chicago 1914.

[4]) ebd., Tf. XXI und XXXII.

[5]) Otčet 1904 S. 78—83; J. de Baye, Les tombeaux des Gothes en Crimée. Mémoires de la Soc. nat. des Antiquaires de France, Paris 67 (1908); Archiv der Archäol. Kommission, Akt. Nr. 6 1904; Spicyn, Izvěstija 17 (1905) S. 115ff.; Rostovcev, Iranians S. 184.

Für die Datierung des im allgemeinen einen einheitlichen Charakter tragenden Fundkomplexes wichtig ist eine Silberschale des Kaisers Konstantins II. (337 bis 361), eine Goldmünze aus dem letzten Drittel der Regierungszeit desselben Kaisers, eine Goldmünze des Konstantin Gallus (351—354) und Abdrücke von Münzen Gordians (238—244), Sauromates II. (174—210), Valentinians I. (364—375) und Valentinians II. (375—392). Der Fund gehört also an das Ende des 4. Jh. n. C. Rostovcev (a. a. O.) setzt einen Teil der Gegenstände in das 3. Jh.

Der Knauf des Schwertes (Tf. 31 b) hat die uns schon bekannte Form dieses Schwerttypus. Er besteht aus einer flachen runden weißen Steinscheibe, die auf einem flachen Bronzestift befestigt ist. Diese Scheibe ziert oben ein radförmiger Aufsatz aus Gold mit in Zellen eingelegten roten Steinen.

Zur Verzierung der Griffstange gehören zwei rhombische Zylinder mit flachen roten Steineinlagen (Tf. 31 c, d). Der Griffabschluß ist nur auf der Vorderseite mit Steineinlagen verziert, während die Rückseite glatt ist. Die kleinen Felder über den herzförmigen Figuren sind mit einer grünen Einlage versehen. Besonders reich verziert ist der Beschlag der oberen Scheidenendes (Tf. 31 a). Zwischen zwei Reihen von mit je einem Kreis gefüllten Rechtecken befinden sich größere geometrische Figuren, die die strenge Horizontal- und Vertikalanlage der Randverzierung unterbrechen. Die Verzierung besteht aus roten Granateinlagen, mit Ausnahme des mittleren größeren Kreises und den ihn umgebenden vier kleineren Kreisen sowie den zwei kleinen Feldern zu beiden Seiten der blattförmigen Figur, die mit einer grünen nicht näher bestimmten Einlage versehen sind. Dieser Scheidenbeschlag hat am unteren Rande einen viereckigen Ausschnitt für das obere Ende des Tragbügels, den auch diese Schwertscheide hat, wie wahrscheinlich alle dieser Gruppe. Der von Spicyn (a. a. O.) als Gegenstand von unbekanntem Gebrauchszweck abgebildete Tragbügel der Scheide ist von ähnlicher Form wie die oben beschriebenen, besteht aber nicht aus einem Jadeit- oder Nephritstück, sondern entsprechend der gesamten Verzierungsweise des Schwertes aus Gold mit roten Steineinlagen; er ist 14,2 cm lang und 1,7 cm breit. Die Abbildung Tf. 31 a zeigt die zuerst von L. A. Maculevič richtig zusammengestellten Teile der Scheide und des unteren Griffabschlusses.[1])

Ein Gegenstück zum Tragbügel dieser Schwertscheide wurde 1890 in der Nekropole in der Hospitalstraße gefunden.[2]) Ein Tragbügel einer Scheide ist wahrscheinlich auch ein ähnliches Stück von dreieckigem Querschnitt im Odessaer Museum, das 1896 in Kerč auf dem Glinišče gefunden wurde.[3]) Es ist aber derart auf der Klinge aufgerostet, daß es nicht näher untersucht werden kann.[4])

Wie bei den Schwertern mit gerader Parierstange und sichelförmig gebogener Knaufstange sind auch bei der Gruppe mit knopfartigem Knauf zwei ganz verschiedene Größenverhältnisse vertreten — ein dolchartiges Kurzschwert und ein Langschwert. Auch hier werden die Kurzschwerter in den Gräbern immer an der rechten Seite der Bestatteten gefunden und darum wohl auch in der schon beschriebenen Weise am rechten Schenkel befestigt getragen. So tragen die Pantikapäer auf den Grabstelen (Tf. 30) das Kurzschwert, das auf diesen Darstellungen gewöhnlich einen deutlich erkennbaren Ringknauf hat. Diese Knaufform ist auf die Kurzschwerter beschränkt, während Langschwerter mit solchen Knäufen in

[1]) L. A. Maculevič, Die Silberschale von Kerč. Pam'atniki (Denkmäler) der Staatlichen Eremitage II. Leningrad 1926.

[2]) De Baye, La bijouterie des Gothes en Russie Tf. III 1.

[3]) E. von Stern, Zapiski der Odessaer Gesellschaft für Geschichte und Altertumskunde 20 (1897) Tf. I 3.

[4]) [Ein Gegenstück zu dem Schwert aus der Kerčer Hospitalstraße von 1904 ist kürzlich von der Vorgeschichtlichen Abteilung der Berliner Staatssammlungen im Kunsthandel mit anderen Gegenständen aus Südrußland erworben worden. — Ebert.]

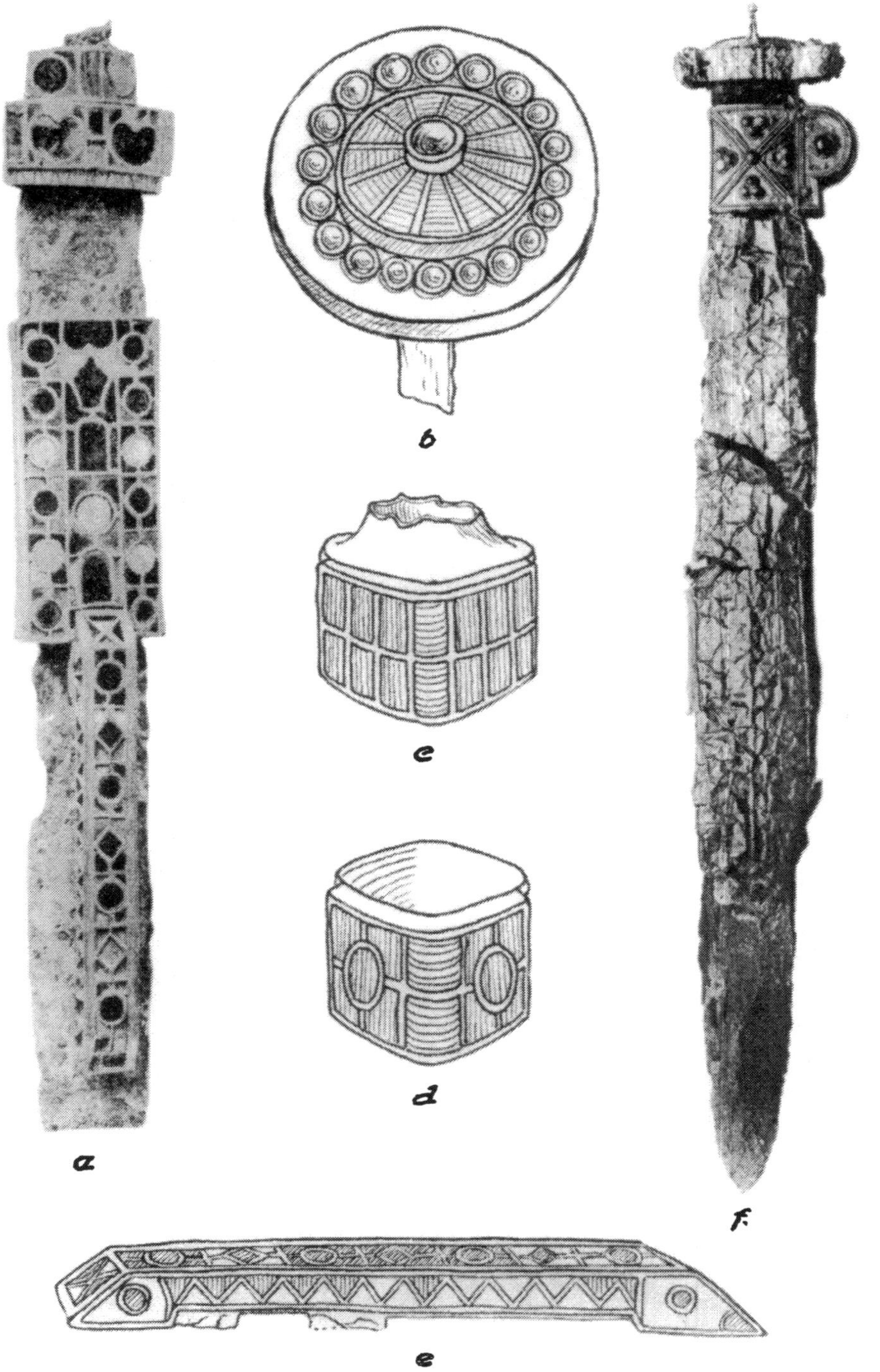


a—e. Teile eines Schwertes aus dem Grabe in der Hospitalstraße, Kerč. a. nach Maculevič, Silberschale von Kerč 1926 Tf. III 1; b—e nach Izvěstija 17 (1905). — f. Schwert mit goldbelegter Scheide. Kerč. Sammlung Massonneau. Kaiser-Friedrich-Museum, Berlin. Nach Photographie.

dem hier in Betracht kommenden Formenkreise unbekannt sind. Über die Form der Scheiden der Langschwerter mit knopfartigem Knauf können wir nur nach den wenigen erhaltenen Scheidenteilen urteilen, wobei der charakteristische Tragbügel aus Jadeit, bei den späten Exemplaren gotischer Zeit und gotischen Stils aus Metall mit Inkrustationen verziert, hervorzuheben ist. Das Schwert wird an einem durch den Bügel der Scheide laufenden Riemen am Waffengurt befestigt und an der linken Seite getragen oder ist wie bei den Pantikapäern am Goryt befestigt. Entsprechend der anderen Befestigungsweise haben die Scheiden der Kurzschwerter eine charakteristische Form mit dekorativen, seitlichen Ansätzen an beiden Seiten des oberen und unteren Scheidenendes (Tf. 30 c). Diese eigenartige Scheidengestaltung war schon bei den Schwertern vom Buerov- und Prochorovka-Typus in einer freilich stark abweichenden Weise vorhanden, indem hier noch deutlich Zusammenhänge mit der Scheidenform des skythischen Akinakes mit seitlichem Ösenansatz zu erkennen waren.

## 5. DAS SCHWERT DER SARMATEN

Wir konnten auf Grund historischer Überlieferung und der Skythen- und Perserdarstellungen die Kurzschwerter des 6.—3. Jh. mit dem herzförmigen Griffabschluß und der charakteristischen Scheide mit seitlichem Scheidenansatz mit dem Akinakes der skolotischen Skythen identifizieren. Vom 3. Jh. v. C. ab erscheinen in Südrußland neue Schwertformen, die, trotz vieler Beziehungen zu dem Akinakes der Skythen, die in sich geschlossene Gruppe der Schwerter mit gerader Parierstange bilden, welche ihrerseits den Griffformen nach in 3 Unterabteilungen zerfällt. Es sind das die Schwerter mit antennen- und sichelartigem Knauf, mit Ringknauf und die zuletzt behandelten mit knopfartigem Knauf. Diesen Schwertern fehlt der herzförmige Griffabschluß und sie sind, mit Ausnahme der Ringknaufschwerter, in zwei Größenverhältnissen vertreten. Es gibt, wie bei dem skythischen Akinakes, Kurzschwerter von durchschnittlich 50 cm Länge und Schwerter von 1 m und mehr Länge. Die Verzierung im skythischen Tierstil hat einer geometrischen und koloristischen Platz gemacht, indem sehr viel mit farbiger Einlage von Email und Edelsteinen operiert wird. Diese Formen treten zuerst und am häufigsten in den Ostgebieten auf (Kuban, Orenburggebiet), um dann in den ersten nachchristlichen Jahrhunderten alleinherrschend zu werden. Diesen Erscheinungen bei den Schwertformen entsprechen solche bei den übrigen Typen, die zwar keinen krassen Bruch mit den skythischen Formen bedeuten, aber doch schwer als Weiterentwicklung der skythischen Formen zu erklären sind. Auch in den Beziehungen zu den Nachbargebieten sind Veränderungen festzustellen. Der griechische Import ist stark zurückgetreten und in den östlichen Gegenden, wie im Orenburggebiet, gar nicht vorhanden. Er hat einer starken Strömung aus dem iranischen Osten Platz gemacht. Gegenstände persischer oder parthischer Herkunft (Silbergefäße, Siegelzylinder u. a.) sind häufig. Die Einzelheiten dieser neuen Kulturströmung sind noch nicht erforscht und ihre Zuteilung an ein neues bestimmtes Volk ist schwieriger als es bei der skythischen Kultur war. Die historische Überlieferung ist hier viel komplizierter und die Verhältnisse noch unklarer. Zweifellos ist dieses seit dem 3. Jh. v. C. veränderte Kulturbild Südrußlands mit dem Erscheinen neuer Völker und zwar mit den uns überlieferten Bewegungen sarmatischer Völkerstämme in Verbindung zu setzen. Die Jazygen, Roxolanen, Aorsen, Siraken und zuletzt die Alanen überfluteten nacheinander die südrussischen Steppen. Die einzelnen Völkerwellen sind archäologisch bis auf weiteres unmöglich auseinander zu halten.

Die Sarmaten werden für gewöhnlich den Skythen möglichst nahe gestellt und sind sicher ein ihnen nahe verwandter iranischer Stamm. Auch archäologisch sind die Grenzen zwischen spätem skythischen und frühem sarmatischen Kulturbesitz sehr fließend. Was aber das Kriegswesen der sarmatischen Stämme anbetrifft, so ist es von dem der Skythen grundverschieden. Eine gewisse Rolle fällt hier offenbar auch der verschiedenen politischen Struktur zu. Bei den Skythen hatten wir es mit einem mehr oder weniger schwachen Teilfürstentum zu tun, während im jüngeren Iraniertum eine zusammengefaßte, absolut regierende Staatsgewalt vorherrschend ist. Die Bewaffnung berührt sich zwar in vielen Punkten mit der skythischen, ist aber der ganz anderen Taktik und Kriegsführung angepaßt. Die Sarmaten werden uns überall als schwertbewaffnete Panzerreiter geschildert, welche den Feind durch die Wucht ihres Anpralls niederwerfen. Es ist das eine Taktik, die in dieser Zeit überhaupt zu herrschen scheint.

Ähnliches wie von den Sarmaten wird von den Parthern, Armeniern, Albanern u. a. berichtet. Pomponius Mela (III 4) findet die äußere Erscheinung und Bewaffnung der Sarmaten den Parthern sehr nahe stehend und Tacitus nennt die sarmatische und persische Tracht in einem Atemzuge.

Die Angriffswaffen der Sarmaten sind eine schwere Stoßlanze und das lange Schwert. Der Bogen ist vorhanden, tritt aber in seiner Bedeutung zurück. Die Schutzwaffen bestehen aus einem langen Schuppenpanzer, dem Schild und einem Helm von neuer konischer Form (dem Spangenhelm). Auch von Pferdepanzern wird berichtet, sie sind aber aus Funden nicht bekannt.

Wenn die antike Tradition die Skythen ausschließlich als leichtbewaffnete Bogenschützen schildert, was, wie wir gesehen haben, auf konventionellen Anschauungen über nomadische Steppenreiter beruht und dem archäologischen Fundmaterial nicht ganz entspricht, so werden bei den Schilderungen der sarmatischen Bewaffnung und Taktik im Gegenteil überall die schweren Angriffs- und Schutzwaffen hervorgehoben. Die schwere Lanze, bei den Skythen nur beiläufig erwähnt, und das lange Schwert bilden jetzt die wichtigsten Angriffswaffen. Tacitus (Annal. VI 35) beschreibt die Taktik der sarmatischen Hilfstruppen — „Sie feuern sich alle gegenseitig an, im Kampfe das Pfeilschießen nicht zuzulassen, sondern den Feind mit mutigem Anprall zu überraschen und im Nahkampf zu treffen . . . Aber die Sarmaten ließen ihre Bogen, mit denen sie nicht so weit reichten wie die Parther und warfen sich auf sie mit Lanzen und Schwertern." An anderer Stelle (Hist. I 79) sagt er — „Sie sind äußerst feige im Fußkampf; aber wenn sie in Reiterabteilungen auftreten, so wird kaum eine Einheit ihnen widerstehen können. Aber bei feuchtem Wetter und im aufgetauten Eis waren ihre Lanzen und langen Schwerter, die sie mit beiden Händen führten, nichts nütze wegen des Ausgleitens der Pferde und des Gewichts ihrer Panzer (cataphractarum). Dies ist die Rüstung ihrer Fürsten und überhaupt ihrer Vornehmen. Sie sind aus Eisen oder dickem Leder verfertigt und durch Hieb zwar undurchdringbar, aber am Aufstehen hinderlich, wenn einer beim Andrang des Feindes niedergestürzt ist". Die sarmatischen Panzerreiter (cataphracti) treten auch unter den römischen Hilfstruppen auf und sind uns auch von den Darstellungen auf der Trajanssäule und dem Triumphbogen des Galerius in Saloniki bekannt.[1]) Aus Südrußland kennen wir Reiter in der beschriebenen sarmatischen schweren Ausrüstung, die an unsere Ritter des Mittelalters erinnert, aus den Malereien der sog. Katakombengräber in Kerč (Minns, Scythians Abb. 218, 223—25). Einen bosporanischen Reiter in sarmatischer Ausrüstung, mit

[1]) Vgl. darüber die Ausführungen Rostovcevs, Dekorative Malerei S. 331ff.; Cichorius, Die Trajanssäule Tf. XLVII; Kinch, L'arch de triomphe de Salonique. Paris 1890 Tf. IV 1, VII 2, 3, VIII 1, IX 2.

a

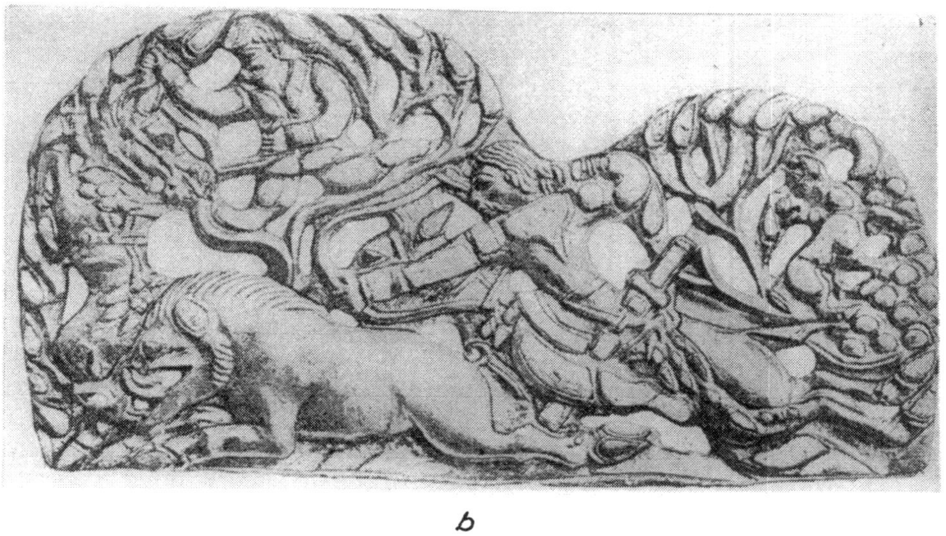

b

a. Terrakotta-Statuette eines parthischen oder skythischen Bogenschützen. H. 17 cm. Nach Sarre, Die Kunst des alten Persien. — b. Sibirisches Goldblech. Nach Minns, Scythians S. 278.

a

b

c

a. Gandhara-Skulptur. Nach A. von Lecoq, Bilderatlas Abb. 46. — b. Schwertdarstellung auf dem Relief der Trajanssäule. Nach Cichorius. — c. Sassanidisches Felsrelief von Naksch i Redjeb bei Persepolis. König Sapor I. und Gefolge (242—272 n. C.). Nach Dieulafoy, L'art antique de la Perse.

schwerer Lanze bewaffnet, zeigt eine bekannte, von einem Tryphon gestiftete Votivstelle aus Tanais. Die uns hier interessierenden Schwertformen sind auf den genannten Darstellungen nicht vorhanden, wohl aber auf den schon erwähnten Kerčer Grabstelen mit den Darstellungen bosporanischer Reiter (Tf. 30) zu erkennen. Die Ausrüstung der Bosporaner trägt aber einen rein sarmatischen Charakter. Sie haben den schweren Schuppenpanzer und den sarmatischen Spangenhelm als Schutzwaffen (Wandmalereien und Tryphonstele) und Bogen, Lanze und Schwert. Auf den Kerčer Grabstelen sind die Pantikapäer niemals in Panzer und Helm dargestellt, was aus dem friedlichen Charakter der dargestellten Szenen zu erklären ist. Bei der Stele Kieseritzky-Watzinger 575 ist die Kopfbedeckung nicht deutlich und kann auch eine gewöhnliche Kopfbedeckung in der Art der skythischen darstellen. Bei der Beschreibung des jungen Olbiopoliten Kallistratos sagt Dio von Prusa (orat. XXXVI): „er war umgürtet mit einem großen Reiterschwert" (*μάχαιραν μεγάλην τῶν ἱππικῶν*). Die Form dieser großen Reiterschwerter ist auf den Grabstelen (Tf. 30) zu erkennen. Es ist das Langschwert mit gerader Parierstange und knopfartigem Knauf und einer Scheide mit aufgesetztem Tragbügel aus Jadeit, das in den Gräbern Südrußlands und des Kubangebietes in den 3 nachchristlichen Jahrhunderten herrschend ist. Wir haben hier also zwei gleiche, parallele Erscheinungen: die von der antiken Überlieferung hervorgehobenen langen Schwerter der in Südrußland die Skythen ablösenden sarmatischen Völker und die neuen ihnen entsprechenden Langschwerter in den der sarmatischen Invasion gleichzeitigen Gräbern. Der Zusammenhang dieser beiden Erscheinungen ist klar. Die im 3. Jh. v. C. auftretenden Langschwertformen mit gerader Parierstange, die dann im 1.—3. Jh. n. C. vorherrschend sind, müssen den sarmatischen Völkern zugeschrieben werden. Neben den hier behandelten Schwertformen tragen die Sarmaten in der Art des skythischen Akinakes ein Kurzschwert am rechten Schenkel, das sich vom Akinakes auch durch die gerade Parierstange und die Knaufformen unterscheidet, indem es den knopfartigen Knauf der Langschwerter oder einen Ringknauf hat.

## 6. TRAGWEISE DES AKINAKES UND DER SARMATISCHEN SCHWERTER

Die charakteristische Befestigung des skythischen Akinakes am rechten Schenkel haben wir schon bei der Betrachtung des skythischen und persischen Akinakes erörtert und darauf hingewiesen, daß diese Befestigungsweise bei ihnen durchaus nicht die Regel gewesen sein wird. Außer den Darstellungen auf dem Goldkamm und dem Gorytbeschlag von Solocha (Tf. 7 a, 8) sowie der Beobachtung, daß in den Gräbern der Akinakes oft auf der linken Seite gefunden wird, spricht für eine von der persisch-sakischen abweichende Tragweise die Akinakesscheide aus dem Solocha-Kurgan (Tf. 22 b). Der seitliche Scheidenansatz ist hier verdoppelt. Der Akinakes kann, daraus zu schließen, nicht senkrecht am Schenkel gehangen haben, sondern war wohl vermittelst zweier Tragriemen in mehr oder weniger wagrechter Stellung am Waffengurt befestigt. Diese Art der Befestigung des Kurzschwertes oder Dolches ist in späterer Zeit bei den Sassaniden und sonst überall, wo wir es mit iranischen Waffenformen zu tun haben, vertreten. Sie ist auch bei den Skythen teilweise gebräuchlich gewesen. Daß die Solochascheide mit den zwei Ösenansätzen bis jetzt alleinstehend ist, sagt wenig, wenn man die geringe Zahl der erhaltenen Akinakesscheiden in Betracht zieht. Die Form der Scheide hat sich uns nur in Fällen erhalten, wo sie mit einem Goldbelag versehen war. Diese Art der Befestigung des Kurzschwertes der Scheide zeigt z. B. die spätsassanidische Silberschüssel mit der Darstellung des auf die Jagd reitenden Königs Khusrau II. (590—628) in der National-Bibl. in Paris (Tf. 35 b). Der hier ebenfalls an der rechten Seite, aber mehr nach vorn hin befestigte Akinakes zeigt deutlich zwei Ösenansätze von halbkreisförmiger Gestalt. Diese Halbkreisform der Scheidenansätze wird in der späteren Völkerwanderungszeit und dem Mittelalter bei Scheidenformen zweifellos östlicher iranischer Herkunft besonders häufig. Daneben bestehen aber auch die späten, zum Teil verkümmerten Formen des gewöhnlich „P"-förmig gebildeten Scheidenansatzes der skythischen und altpersischen Zeit (Tf. 40, 41 a, c).

Das Tragen der Kurzschwerter am rechten Schenkel finden wir auch bei den den Sarmaten zugeschriebenen Formen der Kurzschwerter mit gerader Parierstange, wie es aus den Gräbern ersichtlich ist, wo sie immer an der rechten Seite des Toten liegen. Dieselbe Tragweise der Ringknaufschwerter zeigen auch die Darstellungen pantikapäischer Reiter auf den Grabstelen von Kerč (Tf. 30). Die Kurzschwerter mit den 4 dekorativen seitlichen Ansätzen der Scheide (Tf. 30 c) werden auf einigen Denkmälern zwar an der rechten Seite am Gurt hängend getragen, sind aber nicht am Schenkel angebunden. Diese Tragart sehen wir auf den Reliefs vom Grabmal aus Kommagene (Tf. 25 b, 26) und bei den Sassaniden auf einer Silberschüssel von Perm (Tf. 34 a).

Die Akinakesform der Scheide der Kurzschwerter auf einigen Steinfiguren vom bekannten Typus der sog. „Kamennyja baby" (Steinmütterchen) aus dem Don- und Kubangebiet wird neuerdings von A. A. Miller mit Recht hervorgehoben.[1]) Die Figur aus dem Dongebiet (Tf. 37 c) besteht aus einem Kalksteinblock von 1,40 m Höhe. Die Darstellung ist im flachen Relief gearbeitet, teilweise eingeritzt. Unter der Hand, in Gürtelhöhe, ist die eingeritzte Kontur eines Kurzschwertes skythischer Form mit dem seitlichen Ösenansatz deutlich zu erkennen. An der linken Seite trägt die Figur den Goryt. Die Figur wurde bei der Aufdeckung eines Kurgans im Dondelta bei der Jelisavetovskaja Stanica gefunden. Sie lag auf der Vorderseite, gerade über der Grabgrube, in derem östlichen Teil Tierknochen, die Schenkelknochen und Schädelreste eines Menschen und daneben 4 zusammengerostete Lanzenspitzen und dreikantige bronzene Pfeilspitzen gefunden wurden. Miller datiert die stark zerstörte Bestattung mit anderen ähnlichen Kurganen in die ersten vorchristlichen Jahrhunderte und bringt die Steinfigur in direkte Beziehung zu diesem Grabe.

Eine zweite ähnliche Steinfigur stammt von Jekaterinodar. Dargestellt ist ein Mann in langem, auf der Brust offenem Gewand. Am Gürtel, an der linken Seite, hängt der Goryt. In der linken Hand hält er ein Rhyton, während die Rechte auf dem Kurzschwert liegt, welches vorne am Gürtel hängt. Dieses Kurzschwert ist, nach dem seitlichen Scheidenansatz zu urteilen, ein Akinakes. Eine andere Steinfigur von ähnlichem Typus wurde in Krasnobor, Kubangebiet, gefunden (Tf. 37 a). Sie trägt einen Panzer und an der linken Seite wieder den Goryt. Die rechte Hand hält ein Rhyton. Vorne am Gürtel ist deutlich ein Kurzschwert zu erkennen, dessen Scheide einen großen viereckigen Scheidenansatz hat. Der skythische Charakter der Bewaffnung dieser Steinfiguren ist sicher. Ihre zeitliche Stellung und Beziehung zu den Skythen Südrußlands ist noch zu klären.

---

[1]) A. A. Miller, Eine neue Quelle zur Untersuchung der Beziehung Skythiens zum Kaukasus (russ.) in Izvěstija der russischen Akademie für Geschichte und materielle Kultur 4 (1925) S. 97ff.

a

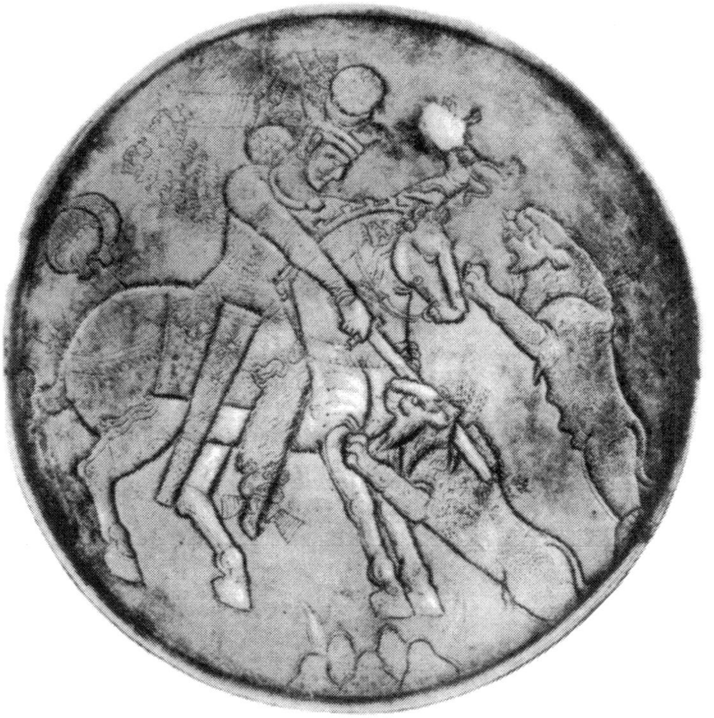

b

a. Sassanidische Silberschüssel. Aus dem Kr. Solikamsk, Gouv. Perm. Nach Otčet 1907 Abb. 124. — b. Dgl. König Bahram V. Gor (420—438) auf der Löwenjagd. Nach Sarre, Die Kunst des alten Persien Tf. 104.

a

b

a. Sassanidische Silberschale. Perm. Nach A. v. Lecoq, Bilderatlas Abb. 74. — b. Dgl. König Khusrau II. (590—628 n. C.) auf der Jagd. Nach Sarre, Die Kunst des alten Persien.

Das lange Schwert der Sarmaten vom Typus der Schwerter mit gerader Parierstange wird immer an der linken Seite getragen. An der linken Seite des Toten wird es gewöhnlich in den Gräbern gefunden. An der linken Seite tragen ihn die Sassaniden (Tf. 34, 35 b), deren Bewaffnung ja überhaupt auf altpersischer Tradition beruht und die Waffen der mit ihnen in Beziehungen stehenden Völker stark beeinflußt hat. Was die Befestigung dieser Langschwerter anbetrifft, so sind die beiden Gruppen des Typus mit gerader Parierstange zu unterscheiden. Bei den Schwertern mit sichelförmig gebogenem Knauf vom Prochorovka-Typus hat die Scheide am oberen Ende an jeder Seite einen seitlichen Ansatz. Sie sind offenbar dadurch entstanden, daß bei dieser auf den skythischen Akinakes zurückgehenden Form der verkümmerte Tragösenansatz dekorativ auch auf die andere Seite übertragen ist. Der eine dieser Ansätze ist durchlocht und dient der Befestigung des Schwertes. Die Schwerter mit knopfartigem Knauf haben eine von der skythischen gänzlich abweichende Befestigungsart. Das Schwert hängt hier am Waffengurt vermittelst eines Riemens, der durch einen auf der Scheide befestigten Tragbügel geht, ähnlich wie bei den La Tène-Schwertern, nur besteht der Tragbügel hier gewöhnlich aus Jadeit und sitzt viel tiefer, etwa im oberen Drittel der Scheidenlänge. Eigenartig ist die Befestigung des Schwertes am Goryt bei den Reitern auf den Kerčer Grabstelen. Die Schwerter, anscheinend vom Typus mit knopfartigem Knauf, sind hier an der Vorderseite des am Sattel befestigten Bogenfutterales angebracht (Tf. 30).

Das Charakteristische der Tragweise der Kurzschwerter bei den iranischen Völkern überhaupt besteht in der Befestigung der Scheide am Gürtel, gewöhnlich an der rechten Seite vermittelst eines oder zweier besonderer Scheidenansätze für die Tragösen. Das Schwert wird nie, wie etwa bei den Griechen oder Römern, an einem über die Schulter getragenen Wehrgehänge getragen, sondern hängt immer am Gürtel. Auch bei den Römern findet sich der Dolch (parazonium) oder auch der Gladius oft an der rechten Seite am Waffengurt, vielleicht ebenfalls unter orientalischem Einfluß. Die Art der Befestigung ist hier aber eine von der iranischen abweichende, denn das Schwert wird direkt eng am Gürtel getragen.

## 7. DIE VERBREITUNG DER SKYTHISCH-SARMATISCHEN SCHWERTFORMEN

### a) ASIEN

Bronze- und Eisendolche in den verschiedensten Varianten, die alle den uns bekannten Formen des skythischen Akinakes in Südrußland mehr oder weniger nahe stehen, bilden ein Hauptcharakteristikum der sibirischen Bronze- und frühen eisenzeitlichen Kultur — oder der Minussinsker Kultur (nach dem Hauptfundorte am oberen Jenissei). Hier sind alle aus dem skythischen Südrußland bekannten Grundformen vertreten, zu denen sich eine große Anzahl neuer Varianten und Mischformen zugesellen (Tf. 36)[1]. Eine lokale, dem skythischen Kreis fremde und ihrer Verbreitung nach mehr nördl. Gruppe bilden die Dolche mit einem Einschnitt am Klingenansatz (Tf. 36 p, q). Die Parierstange dieser Dolche ist nicht plastisch, sondern wird durch den beiderseitigen Einschnitt gebildet. Auf diese,

[1]) Vgl. darüber F. R. Martin, L'âge du bronze au musée de Minoussinsk. Stockholm 1893; G. v. Merhart, Bronzezeit am Jenissei. Wien 1926 S. 122ff.; Minns, Scythians Kap. IX; Tallgren, Collection Tovostine. Helsingfors 1917 S. 40ff.

eine Sonderstellung einnehmende Dolchform, die mit den Dolchen von ausgesprochener Akinakesform Mischformen bildet (Tf. 36 m), kann ich hier nicht näher eingehen. Die zweite Gruppe der Minussinsker Dolche (vgl. Merhart, a. a. O., S. 122f.) weist eine ganze Reihe gemeinsamer Züge mit den südrussischen Akinakesformen auf, ist aber anderseits durch viele nur hier anzutreffende Eigentümlichkeiten als eine selbständige lokale Formengruppe scharf von diesen zu unterscheiden. Die aus den minussinskischen Vollbronzezeit-Kurganen stammenden Dolche sind alle aus Bronze oder Kupfer. Im jüngeren Abschnitt treten Eisendolche hinzu, die aber zum Teil in der Form den Bronzedolchen völlig entsprechen und mit ihnen teilweise parallel gehen. Häufig sind auch Übergangsformen von Eisendolchen mit Bronzegriff und umgekehrt. Die minussinskischen Dolche sind durchweg kurz, selten über 30 cm lang und häufig kürzer als 25 cm. Die Klinge ist oft leicht schildblattförmig, mit der größten Breite im ersten Drittel, ja in der Hälfte der Klingenlänge. Am nächsten stehen sie dem skythischen Akinakes in der Form der Griffknäufe und des unteren Griffabschlusses. Häufig ist ein gerundeter, gekerbter oder auch kappenförmiger Wulst als Knauf, daneben haben wir fast alle uns aus Südrußland bekannten Knaufformen, wie den querstangenartigen, sichelförmigen, Antennen- und Ringknauf. Wie in Südrußland, wird auch hier häufig die Antenne des Knaufs durch zwei Vögel- oder Greifenköpfe gebildet (Tf. 36 a, c—g). Die Parierstange zeigt häufig die Herzform des skythischen Akinakes, ist aber auch schmal und leistenförmig gestaltet mit Übergängen zur geraden Parierstange.

Trotz der vielen Vergleichsmöglichkeiten zwischen einzelnen Dolchformen der sibirischen und südrussischen Gruppe sind beide bei näherer Betrachtung stark verschieden. Mit Ausnahme des Akinakes von Tomaševka, der möglicherweise aus dem Osten stammt, sind Bronze- oder Kupferdolche dieser Form aus Südrußland unbekannt. Die Länge des südrussischen Akinakes ist meistens über 40 cm und nur ausnahmsweise geringer als 30 cm. Die Klinge hat gewöhnlich geradlinige Schneiden, mit der größten Breite am Griffansatz. Unbekannt ist den minussinskischen Dolchen auch die reiche Verzierung durch Goldbelag. Eine typisch sibirische, im Westen ganz unbekannte Griffart haben die Dolche mit Hohlgriff, in dem ein gewöhnlich mit Tierknauf versehener kleiner Dolch oder ein Messer steckt. Die Verzierung der Knäufe und Parierstangen dieser Dolche, wie auch der übrigen Formen der Minussinsker Kultur im sog. sibirischen Tierstil, weist eine Reihe Motive auf, die auch dem südrussischen Tierstil geläufig sind, jedoch ist der Gestaltenkreis im Vergleich zu dem des skythischen ein sehr beschränkter. Die Vogel- und Greifenköpfe, das eingerollte Tier, der Steinbock, der Hirsch und die Darstellung des Abdrucks vom Pferdehuf sind die in verschiedener Ausbildung immer wiederkehrenden Elemente der Verzierung. Die chronologische Stellung der ganzen Gruppe der sibirischen Dolche wie der einzelnen Formen zueinander, die sicherlich nicht alle gleichzeitig sind, ist noch nicht geklärt. Die jüngste sog. skythische Gruppe geht zweifellos der Entwicklung der südrussischen skythischen Kultur parallel und ist in die Zeit nach 500 v. C. zu setzen. Gegen die Annahme von Minns, der in den sibirischen Dolchen die Prototypen der südrussischen sehen will, spricht der Gesamtcharakter dieser Dolchgruppe. Die Frage, wie weit ein direkter südrussischer Einfluß bei diesen Dolchen vorhanden ist, ist ebenfalls offen zu lassen. Wir haben in beiden Gebieten einen fertigen Vorrat an Formen und Ziermotiven, die wohl aus einer gemeinsamen, noch nicht näher zu bestimmenden Quelle stammen. v. Merhart (a. a. O. S. 17) weist auf Sogdiana, Baktrien und Iran als in Frage kommende Wurzelgebiete der minussinskischen Bronzekultur hin. Im Iran wird der Ursprung dieser Formen auch von Tallgren, Reinach und de Linas gesucht.

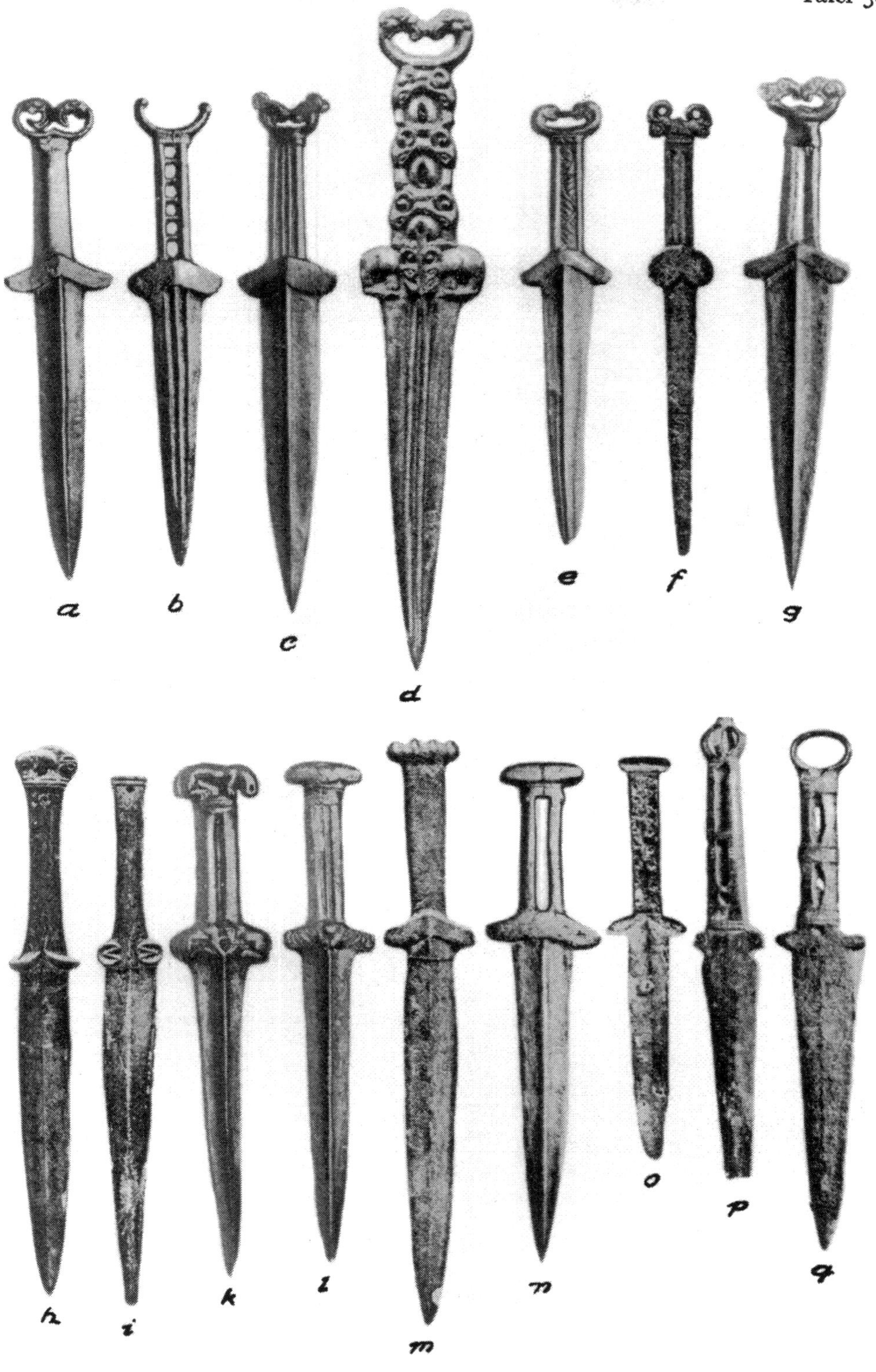


Sibirische Dolche. L. 30—18 cm. Nach Tallgren, Collection Tovostine (d) und Martin, L'âge du bronze 1893 (alle anderen).

a, c. Steinfiguren: a. Krasnodar, Kuban-Gebiet. — c. Jelisavetovskaja Stanica, Don-Delta. — Nach Jzvěstija Akad. Mat. Kultur 4 (1925) Tf. I, II. — b. Kupferfigur von Bolšaja Kizylova, Kr. Jekaterinenburg, Gouv. Perm. Nach Otčet 1911 S. 87.

Abweichend von den typischen sibirischen Dolchen seiner außergewöhnlichen Länge wegen ist das etwa 70 cm lange Bronzeschwert von Viluisk, Gouv. Jakutsk.[1]) Die Form des Schwertes hat Ähnlichkeit mit solchen der von mir schon erwähnten nördlichen Gruppe. Der Schwertgriff besitzt die flache Parierstange über dem Einschnitt am Klingenansatz, die Knaufkappe und die Klinge sowie die flachbreite Mittelrippe dieser Dolche. Erheblich länger als die gewöhnlichen sibirischen Dolche ist auch ein Langdolch von Korkina, Kreis Krasnojarsk (v. Merhart a. a. O. S. 63); er ist 36 cm lang und hat eine Klingenbildung und Parierstange ähnlich dem Schwerte von Viluisk, aber ohne die seitlichen Einschnitte zwischen Klinge und Griff. Der Griff ist hohl, zur Aufnahme des kleinen Messers in der Art der oben erwähnten Dolche mit dieser Grifform. Es sind das also vereinzelte hybride Langformen, die sich sonst wenig von ähnlichen Dolchen der sibirischen Gruppe unterscheiden.

Der in Südrußland zur sarmatischen Zeit und bei den sibirischen Dolchen häufige Ringknauf scheint auch in China zur Zeit der Han-Dynastie im Gebrauch gewesen zu sein. Auf einigen Reliefs dieser Zeit ist ein Schwert, dessen Griff in einem Ring endet, deutlich erkennkar.[2]) Da auch sonst wesentliche iranische Formen zu dieser Zeit in China nachweisbar sind[3]) und z. B. das bekannte chinesische Messergeld ebenfalls die Formen der sibirischen Messer mit in einem Ring endenden Griff wiederholen, so wird man wohl auch diese Schwertform auf westlichen, wahrscheinlich iranischen Einfluß zurückführen dürfen.[4]) Der Ringknauf ist bei Langschwertern später Zeit (7.—8. Jh. n. C.) auf den Wandmalereien in Ostturkestan anzutreffen, wobei die Ausrüstung der hier dargestellten Leute zum Teil eine rein persisch-sassanidische ist.[5]) Unter den für die Han-Zeit in China so charakteristischen Jadeitsachen befinden sich auch die schon behandelten und aus Südrußland bekannten Tragbügel von Schwertscheiden (Tf. 29 b—d), die von den chinesischen Archäologen den Schwertern dieser Zeit zugeschrieben werden. Für gewisse Beziehungen des sarmatischen Südrußlands zu China spricht auch der in Kerč gefundene Tragbügel aus Jadeit von zweifellos chinesischer Herkunft (Tf. 29 a). Zwei Langschwerter mit gerader Parierstange von der Art wie die Schwerter mit der charakteristischen Tragweise der späten sarmatischen Schwerter (mittels eines auf der Scheide aufgesetzten Tragbügels) bildet Laufer (Chinese clay figures Tf. XXI 3, 4) ab. Solch ein Schwert mit der erwähnten, deutlich erkennbaren Tragweise, hat der bogenschießende Reiter auf dem bekannten sibirischen Goldblech mit der Eberjagddarstellung (Tf. 32 b). Dieselbe Schwertform und die gleiche Tragweise finden wir häufig bei den Sassaniden (z. B. Tf. 33 c, 34). Die Sassanidendarstellungen zeigen auch Schwerter und Kurzschwerter vom Buerov-Typus und der Kerčer Form mit den seitlichen Ansätzen. Wir fanden diese Dolch- und Schwertform schon auf den erwähnten, waffengeschichtlich wichtigen Reliefs vom Grabmal des Antiochos I. von Kommagene (Tf. 26). Denselben Dolch und

[1]) Anučin, Notice sur quelques épées etc., Compte rendu II du Congrès intern. d'archéol. à Moscou 1892 S. 343, Abb. 3; v. Merhart, a. a. O. S. 63; Tallgren, Coll. Tovostine S. 42b.

[2]) Vgl. E. Chavannes, La sculpture sur pierre en Chine au temps des deux Dynasties Han. Paris 1893.

[3]) Über chinesische und sarmatische Parallelen vgl. Rostovcev, L'art gréco-sarmate et l'art Chinois de l'époque des Han. Aréthuse 3 (1924); ders., L'art Chinois de l'époque des Han. Revue des Arts Asiatiques 1 (1924).

[4]) Das Ringknaufschwert von Gáva, Ungarn (Tf. 25 c) wird wohl schwerlich ostasiatischen Ursprungs sein und von den Hunnen herstammen, wie Zòltán de Takács Huns et Chinois (SA. aus Turan) ausführt. Diese Annahme ist auch nicht notwendig, da wir gesehen haben, daß das Ringknaufschwert in der sarmatischen Periode in Südrußland häufig ist.

[5]) Vgl. z. B. A. von Le Coq, Bilderatlas zur Kunst- und Kulturgeschichte Mittelasiens. Berlin 1925 Abb. 88 — Wandmalerei aus der „Māyā-Höhle", 2 Anl., Qyzil.

ein Schwert, das dem Typus nach ganz den Schwertern von Buerov und Prochorovka entspricht, hat der Sassanidenkönig auf der Silberschale von Perm (Tf. 34 a). Das Schwert hat hier die beiden Ansätze am oberen Rand der Scheide und den unteren ausladenden Scheidenabschluß. Die Darstellungen auf den beiden Schalen Tf. 34 a und b illustrieren auch die Gebrauchsweise der Schwerter, die zugleich als Hieb- und Stichwaffe dienen. Im ersteren Fall wird, um die Wucht des Hiebes zu verstärken, das Schwert so gehalten, daß der Zeigefinger des Betreffenden über die Parierstange hinausgreift. Aus demselben Grunde wird bei den ganz späten Schwertern der Griff zur Klinge etwas geknickt gestellt, die Wirkung der Waffe ist dabei dieselbe wie die auf Tf. 34 b geschilderte. Diese Umwandlung einer Stich- zur Hiebwaffe hatten wir schon bei den lokalen ungarischen Schwertformen (Tf. 13 b).

Die hier angeführten sassanidischen Denkmäler gehören dem 5.—7. Jh. n. C. an. Dieselben sassanidisch-persischen Waffentypen zeigen auch die buddhistischen Wandgemälde von Turfan. Die Ritter auf der Wandmalerei der Höhle Nr. 19 von Qumtura und aus der sog. „Höhle der sechzehn Schwertträger" von Qyzil bei Kutscha tragen das uns von den Sassaniden bekannte Schwert mit gerader Parierstange und dem persisch-skythischen Dolch mit den typischen zwei P-förmigen Scheidenansätzen für die Tragösen. Die Tragweise der Langschwerter ist bei diesen Beispielen (Tf. 41) nicht erkenntlich.

Es ist aber sicher dieselbe wie bei den Schwertern in Südrußland und auf den sassanidischen Denkmälern, wie der bei anderen Darstellungen derselben Art deutlich erkennbare, auf der Scheide aufgesetzte Tragbügel zeigt.[1]) Auch die Griffknäufe der Schwerter dieser Turfanleute haben zum Teil eine Form, die der der knopfartigen Knäufe aus Südrußland sehr ähnlich sind.[2]) Diese Schwertformen sind auch in Indien vertreten. Die beiden Krieger auf dem Gandhararelief im Museum zu Lahor mit der Darstellung des Angriffs des Māra, tragen ein verhältnismäßig kurzes Schwert mit gerader Parierstange und einem knopfartigen Knauf (Tf. 33 a). Das Schwert wird durch einen Riemen, der durch den auf der Scheide befestigten Tragbügel gezogen ist, am Waffengurt befestigt. Auffällig ist hier die ungewöhnlich tiefe Stellung des Tragbügels in der Mitte der Scheidenlänge.

Ein Dolch, der in der Form mit dem von Prochorovka (Tf. 24 d) genau übereinstimmt, wurde in Táxila gefunden.[3]) Beziehungen Südrußlands zu diesem Sammelpunkt hellenistischer, indischer und iranischer Tradition ist auch sonst belegt. 1912—13 wurden in Táxila Funde gemacht, die in das 1. Jh. n. C. datiert sind und die z. B. mit Schmucksachen aus der Nekropole von Bori im Kaukasus nahe verwandt sind. Die Stücke von Bori wurden mit römischen, parthischen und indoskythischen Münzen zusammen gefunden.

In Táxila wurde auch eine Elfenbeinfigur gehoben der Art wie die aus Olbia bekannten (Arch. Anz. 22 [1907] S. 148).[4]) Wie weit der Einfluß dieser iranischen Waffenformen zeitlich und räumlich zu verfolgen ist, zeigt ein Zeremonialschwert eines japanischen Hofadeligen aus Japan im Zeughaus zu Berlin, das dem 19. Jh. angehört. Im Gegensatz zu den gewöhnlichen, gekrümmten japanischen Säbelformen, bewahrt dieses Zeremonialschwert, das seinen Charakter als Waffe ganz verloren hat und zum Paradestück geworden ist, die alte iranische Form der Scheide mit den zwei charakteristischen P-förmigen Scheidenansätzen.

---

[1]) Vgl. z. B. die Stifterbilder aus Qumtura. v. Le Coq, Bilderatlas Abb. 16, 17.
[2]) Vgl. v. Le Coq a. a. O. Abb. 16, 17, 50, 119.
[3]) Sir John Marshall, Ann. Rep. 1915—16 Tf. VII Abb. 14.
[4]) Vgl. darüber Rostovcev, Sarmatische und indo-skythische Altertümer (russ.) in Recueil d'études dédiées à la mémoire de N. P. Kondakov. Prague 1926.

a, b. Bronzene Dolchgriffe von der Gorodišče bei Trochan, Kr. Mamadys, Kama-Gebiet. Nach Materialien zur Archäol. der Ostgouvernements 3 (1899). — c. Bronzedolch von Kotlovka, Kr. Elabuga, Gouv. Viatka. Nach Materialien zur Archäol. der Ostgouvernements 3 (1899) Tf. 10, 1. — d. Eisernes Kurzschwert mit bronzebekleidetem Griff und bronzenem Ortband. Urus-Martan, Kr. Groznyj, Terek-Gebiet. Nach Jzvěstija 4 (1902).

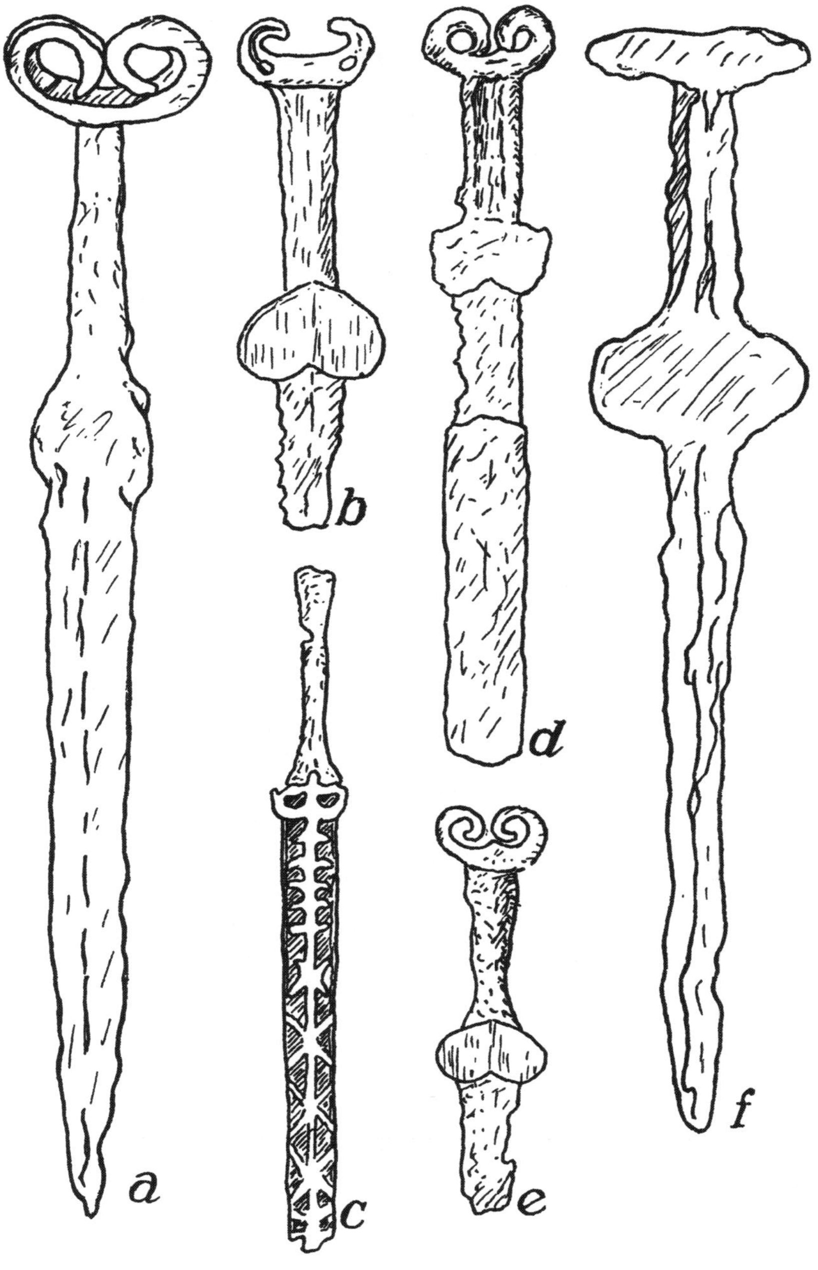


a, b, d—f. Nekropole von Anan'ino, Kr. Elabuga, Gouv. Vjatka. — c. Zujevskoje, Gouv Vjatka. — a, f nach Atlas zu Trudy I. Arch. Kongr. Tf. 4, die anderen nach Aspelin *Antiquités du Nord-Finno-Ougrien.*

## b) EUROPA

Die zum Teil der skythischen Kulturentwicklung parallel laufende Kultur der Übergangszeit zwischen Bronze- und Eisenzeit im Wolga-Kama-Gebiet, die nach einem Gräberfeld im Gouv. Vjatka, Kr. Elabuga auch Anan'ino-Kultur genannt wird, hat skythische Kurzschwertformen aufzuweisen.[1] Diese Kultur mit zum Teil noch bronzezeitlichen Charakter erfuhr bestimmende Einflüsse der südrussisch-skythischen und der sibirischen Kultur. Es treten hier Kurzschwertformen auf, die deutlich ihre Abhängigkeit vom skythischen Akinakes aufweisen. Tf. 38 a zeigt den Bronzegriff eines Dolches von Trochan, Kr. Mamadyš im Kamagebiet. Der Knauf hat die von Greifenköpfen gebildete Antennenform. Wir haben ganz ähnliche Knaufformen in Südrußland (Tf. 21 a, b) und häufig unter den sibirischen Bronzedolchen (Tf. 36 a, c—g). Besonders interessant ist ein eisernes Kurzschwert von der Visimskaja Dača[2]), Kamagebiet. Das Kurzschwert hat die typische in der Art des südruss. Akinakes gegliederte Griffstange und einen Knauf der von zwei mit den Köpfen zueinandergewandten stark stilisierten Tieren gebildet wird. Die Parierstange zeigt die nach unten gebogene Form des Schwertes von Borisovsk (Tf. 24 f). Das interessante Motiv der zwei gegenüber gestellten Tiere am Knauf ist wiederum häufig bei den sibirischen Dolchen (vgl. z. B. Tf. 36 d, k, l), erinnert anderseits aber an die Parierstange des Schwertes von Aldoboly (Tf. 20). Seinem Charakter nach steht in gewissen Beziehungen zu der ostrussischen Kultur auch ein Dolch aus dem Nordkaukasus.[3]) Der etwa 42 cm lange Dolch stammt aus dem Terekgebiet und wurde im Kreise Groznyj beim Dorfe Urus-Martan gefunden. Der eiserne Griff ist mit Kupferblech belegt, aus Kupfer ist auch der wieder aus Greifenköpfen gebildete Antennenknauf; interessant auch das durchbrochen gearbeitete Ortband der Scheide, welches an die Ortbänder skythischer Akinakes erinnert (Tf. 38 d).

Ein flacher Bronzedolch mit durchbrochen gearbeitetem Griff stammt von Kotlovka, Gouv. Vjatka (Tf. 38 c)[4]). Bei einem Kurzschwert von Zujevskoje Gouv. Vjatka[5]) ist auch die metallbeschlagene Scheide erhalten (Tf. 39 c). Der Scheidenmund zeigt deutlich die herzförmige Bildung skythischer Akinakesscheiden. Eine Anzahl von Kurzschwertern skythischer Form hat auch das Gräberfeld von Anan'ino selbst geliefert (Tf. 39 a, b, d–f)[6]). Hier wurde auch eine Steinplatte mit der eingeritzten Darstellung eines Mannes gefunden, welcher den Dolch an der rechten Seite am Gürtel hängend trägt.[7]) Im Gouv. Perm wurden 1905 beim Dorfe Bolšaja Kizylova im Kr. Jekaterinenburg auf einem Acker 10 Kupferfiguren aufgefunden[8]), die interessante Einzelheiten der Bewaffnung aufweisen. Sie tragen deutlich erkennbar Kurzschwerter und Schwerter vom sarmatischen Typus mit sichelförmigem Knauf und gerader Parierstange. Die Figur Tf. 37 b trägt zwei an beiden Schenkeln in der uns bekannten Weise befestigte Kurzschwerter vom Typus wie Tf. 23 g oder 24 d. Die zweite Figur hat ein Langschwert und außerdem den skythischen Goryt und somit die volle iranisch-sarmatische Aus-

---

[1]) Vgl. A. M. Tallgren, L'époque dite d'Ananino dans la Russie orientale. Journ. de la Société Finlandaise d'Archéologie 31 (1919).

[2]) Materialy 26 (1902) Tf. XXVII 8; Béla Pósta, Archäol. Studien auf russ. Boden S. 252ff. Abb. 257; Rostovcev, Skythien S. 607.

[3]) Izvěstija 4 (1902) Abb. 1, 2. G. Merhart, Bronzezeit am Jenissei. Wien 1926, Tf. X/XI 4.

[4]) Materialien zur Archäol. der Ostgouvernements 3 (1899) Tf. 10, 1.

[5]) Otčet 1898 S. 44 Abb. 69.

[6]) Vgl. Atlas zu den Arbeiten (Trudy) des I. archäolog. Kongresses S. 613 Tf. IV 7, 8; Aspelin, Antiquités du Nord Finno-Ougrien II 416—19.

[7]) Aspelin, a. a. O. Abb. 402.

[8]) Otčet 1914 S. 86ff. Abb. 122—126.

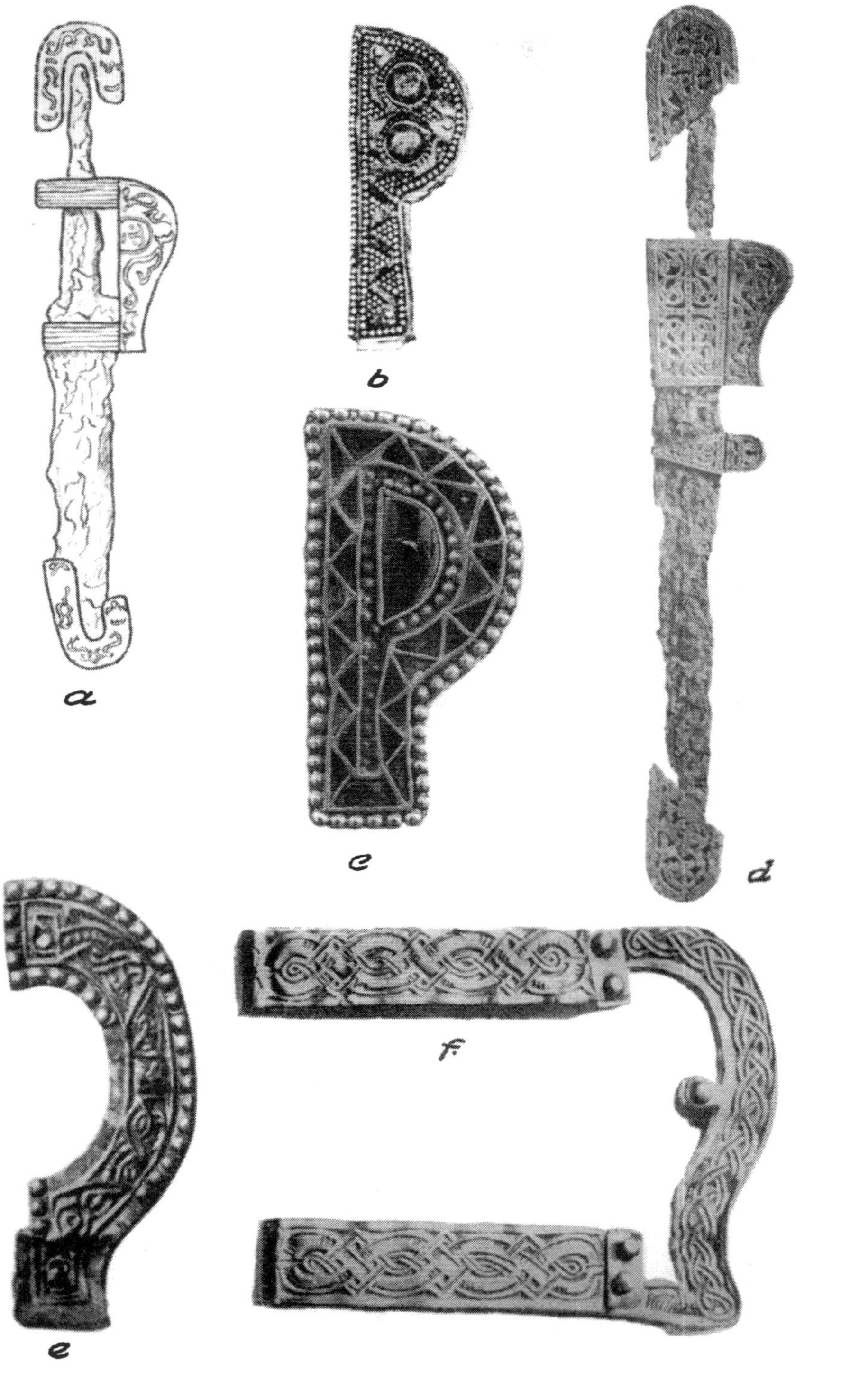


a. Dolch mit silbernem Griff und Scheidenbeschlag von Nocera Umbra, Italien. Nach Åberg, Goten und Longobarden 1923 Abb. 162. — b. Goldener Scheidenansatz aus dem Schatz von Pereščepina, Gouv. Poltava. Nach Materialy 1914. — c. Goldener, mit Almadinen verzierter Scheidenansatz von Taman. Nach Photographie. — d. Dolch mit goldenem Griff und Scheidenbeschlag. Castel Trosino, Italien. L. 34,7 cm. Nach Montelius-Festschrift 1913 S. 278. — e. Scheidenansatz von Páhipuszta. Städtisches Museum zu Kecskemét, Ungarn. — f. Dgl. von Madaras, Kom. Pest. Nationalmuseum Budapest. Nach N. Fettich, Kunstgewerbe der Avarenzeit 1926.

rüstung. Die Figuren werden durch die Schwertformen etwa in die Zeit um C. Geb. datiert.

Auch die Tragbügel vom Typus Tf. 29 sind in Nordostrußland zu finden. Drei solcher Tragbügel aus Chalcedon und einer aus Nephrit sind im Gouv. Perm angetroffen (Tf. 28 f). Wir haben also in Ostrußland fast alle Hauptformen der skythisch-sarmatischen Schwerter. Eine persische Dolchart zeigen auch die schwergepanzerten Krieger einer in Perm gefundenen Silberschale (Tf. 35 a). Es sind am Gürtel, vermittelst halbkreisförmiger Ansätze, befestigte Kurzschwerter. Die Form der Ösenansätze und die Tragweise ist die gleiche wie auf der Wandmalerei aus der sog. „Höhle der Maler" in Qyzil bei Kutscha (6.—7. Jh. v. C.; Tf. 41 b), deren persisch-sassanidischen Charakter der Tracht und Bewaffnung wir schon erwähnten.

Die Umbildung der skythischen Scheidenform in der sarmatisch-gotischen Zeit Südrußlands zeigt ein Prachtschwert von Kerč (Tf. 31 f)[1]). Von der Scheide des Schwertes sind Teile des dünnen, stark zerknitterten Goldbelags erhalten. Am Oberteil der Scheide ist ein breites Goldband befestigt, das in einen über den Rand seitlich hervorstehenden P-förmigen Ansatz übergeht. Aufgelötete Goldkügelchen und in Zellen aufgesetzte bunte Pasten bilden den Schmuck. Der P-förmige Ansatz ist hier zweifellos ein verkümmertes und rein dekorativ verwandtes Rudiment des Tragösenansatzes der skythisch-persischen Scheidenform. Ähnliche Zierstücke sind aus verschiedenen Funden in Südrußland bekannt. Zwei solcher Scheidenansätze enthält der große Schatzfund, der 1912 beim Dorfe Malaja Pereščepina, etwa 10 km von Poltava, gemacht wurde. Der eine Menge Gold- und Silbersachen aus verschiedener Zeit enthaltende Schatz ist durch byzantinische Münzen datiert und gehört an das Ende des 7. Jh. Der eine dieser Scheidenansätze ist aus Gold und mit Granulation und zwei eingesetzten Steinen verziert, beim zweiten aus vergoldeter Bronze (Tf. 40 b) sind die Steine herausgefallen. Ob eins von ihnen vielleicht zu der mit einem ähnlich verzierten goldenen Scheidenbelag versehenen Scheide des etwa 1 m langen Schwertes aus demselben Funde gehört, läßt sich nicht bestimmen.[2]) Ein goldenes, mit eingelegten Almadinen verziertes Stück dieser Form ist eingehend von Ebert behandelt worden (Tf. 40 c)[3]), der bei dieser Gelegenheit auch auf ähnliche Erscheinungen Italiens hinweist. Ein Kurzschwert aus der Nekropole von Castel Trosino (6.—7. Jh.)[4]) ist auf Tf. 40 d wiedergegeben und zeigt deutlich zwei Ösenansätze der Scheide. Das obere von der uns bekannten P-förmigen Form, das untere kleinere halbkreisartig. Im Gegensatz zu dem oben genannten Kerčer Schwert sind die Ösenansätze hier anscheinend noch ganz konstruktiv aufzufassen und dienen zur Befestigung des Kurzschwertes. Ein ähnliches Kurzschwert stammt aus der Nekropole von Nocera Umbra (Tf. 40 a)[5]).

Diese Ösenansätze typischer Form sind im 7. Jh. n. C. besonders häufig in Ungarn anzutreffen (Tf. 40 e, f). Ob diese späten Scheiden von skythischer Form hier in alter ununterbrochener bodenständiger Tradition wurzeln oder von den neuen Völkerwellen aus dem Osten mitgebracht worden sind, läßt sich nicht erweisen. Schwertscheiden dieser Form aus skythischer Zeit sind uns in Ungarn nicht erhalten. Das liegt wohl nur daran, daß die in Südrußland häufigen Metall-

---

[1]) Amtl. Berichte aus d. Königl. Preußischen Kunstsammlungen 29 (1907/8) S. 62f. Abb. 45 (unten).

[2]) Vgl. darüber Bobrinskoj, Materialy 34 (1914) S. 111ff. Tf. I—XVI.

[3]) M. Ebert, Opuscula Archaeol. O. Montelio dicata 1913 S. 271ff.

[4]) Ebert, a. a. O. S. 278 Abb. 3; Mengarelli, La necropole barbarica Castel Trosino in Monumenti dei Lincei 12 (1902) S. 149ff. Tf. V 8; Venturi, Storia dell' arte italiana II (1902) S. 36 fig. 30.

[5]) A. Pasqui und R. Paribeni, Necropole barbarica di Nocera Umbra. Monumenti Antichi 25 (1918) Abb. 141; N. Åberg, Die Goten und Langobarden in Italien 1923 S. 102 Abb. 162.

beschläge der Scheiden von Prunkschwertern hier fehlen. Die nichterhaltenen, aus vergänglichem Material (Holz und Leder) bestehenden Scheiden der skythischen Kurzschwerter werden sicher auch die skythische Form mit dem seitlichen Ösenansatz gehabt haben.[1])

Die Betrachtung der Verbreitung der skythischen Scheidenform mit P-förmigem seitlichen Ansatz abschließend ist hier noch eine Dolchform zu erwähnen, deren Scheide augenscheinlich zu der skythischen in gewissen Beziehungen steht. In Nord- und Osteuropa tritt zur sog. Wikingerzeit (8.—10. Jh.) eine Dolchscheidenform auf, die den charakteristisch geschwungenen, hier stark entwickelten seitlichen Ansatz für die Tragschnüre hat. Die in Rußland, den Baltischen Randstaaten, Ostpreußen und Skandinavien verbreiteten Dolche (auch in Miniaturformen als Anhängsel) scheinen zu dieser Zeit eine besonders in der lettisch-litauischen Kultur verbreitete Zierwaffe zu sein, wo sie in sehr ausgeprägten, schönen Exemplaren häufig erscheinen.[2])

Die Scheidenform der sarmatischen Schwerter in Südrußland, charakterisiert durch den auf der Scheide befestigten Tragbügel, läßt sich ebenfalls auf weite Gebiete verfolgen. Nur ist es hier schwer zu bestimmen, ob diese Tragweise der Schwerter in den einzelnen Fällen aus dem iranischen Osten kommt oder womöglich auf eine alte Tradition der keltischen Schwertscheiden beruht, die dieselbe Befestigungsart aufweisen. Auch eine selbständige Entstehung aus rein technischen Motiven ist nicht auszuschließen.

Die Reliefs mit der Darstellung von erbeuteten dakischen Waffen auf der Trajansäule zeigen u. a. Schwerter mit offensichtlich gerader Parierstange und einem rundlichen Knauf (Tf. 33 b)[3]). Die verzierten Scheiden dieser Schwerter haben deutlich den durch einen Tragbügel gezogenen Tragriemen. Diese Schwertform mit den sarmatischen in Zusammenhang zu bringen, zwingt uns der Umstand, daß unter den Waffen auch andere „sarmatische" Typen vertreten sind, wie eine Art Spangenhelm, der Schuppenpanzer und die Drachenfahne als Feldzeichen der Daker und Geten. Diese Art von Sackfahnen in Gestalt von drachenähnlichen Ungeheuern (Dracones) sollen die Römer von den Parthern übernommen haben. Sie werden von Ammianus Marcellinus beschrieben (16. Buch) und Arrian (35,3) nennt solche Dracones als Feldzeichen der Skythen (Sarmaten). Archäologisch ist die Drachenfahne bei den Skytho-Sarmaten zwar nicht belegt, wohl aber im iranisierten Osten. Sie ist hier recht häufig bei den mit persisch-sassanidischer Tracht und Bewaffnung ausgerüsteten Asiaten auf den Wandmalereien der Höhlentempel in Zentral-Asien (vgl. A. von Le Coq, Bilderatlas Abb. 50, 53, 101, 102, 117, 118)[4]). Von den Latène-Scheiden weichen die Scheiden auf den Reliefs auch durch

---

1) Nándor Fettich, Das Kunstgewerbe der Avarenzeit in Ungarn, Mitteilung I, Zahnschnittornamentik und Preßmodellfunde. Budapest 1926, gibt S. 61 Anm. 1 eine Zusammenstellung der Funde dieser Scheidenansätze. Er kennt danach aus Ungarn 19 Stücke, und zwar von: Csepel, Madaras, Páhipuszta, Gátér (2), Zsámbék (2), Törökkanizsa, Szárazd, Peszéradács, Kishegyes, Györ (2), Kunágota, Tiszaújfalu, Umgebung von Kassa (Komitat Abauj), Nemes-Ócsa und ein Exemplar aus Gold unbekannten Fundortes im Ungarischen Nationalmuseum (Budapest). [Zur Kritik der awarischen Denkmäler Ungarns vgl. jetzt die vorzügliche Untersuchung von A. Alföldi: Der Untergang der Römerherrschaft in Pannonien 2 (1926) S. 1—56.]

2) Vgl. Katalog der Ausstellung zum X. archäol. Kongreß in Riga 1896 Tf. 11, 1. 2; Fr. Ballod, Jüngste Eisenzeit in „Lettische Archäologie". Riga 1926 (lett.) Abb. 69, 8 und 80, 11; H. Moora, Die Kultur der Esten. Tartu (Dorpat) 1927 (estn.), Abb. 30; Hj. Stolpe und T. J. Arne Graffältet vid Vendel. Stockholm 1912 Tf. XXIV 2 u. a.

3) Vgl. M. Froehner, La colonne Trajane. Paris 1872 Tf. 9, 11, 15, 21, 23.

4) Vgl. über Draco: Vasile Pârvan, Getica 1927 (frz. Auszug S. 782); A. v. Le Coq, a. a. O., S. 18; die Artikel ‚signum' bei Daremberg-Saglio und ‚draco' bei Pauly-Wissowa.

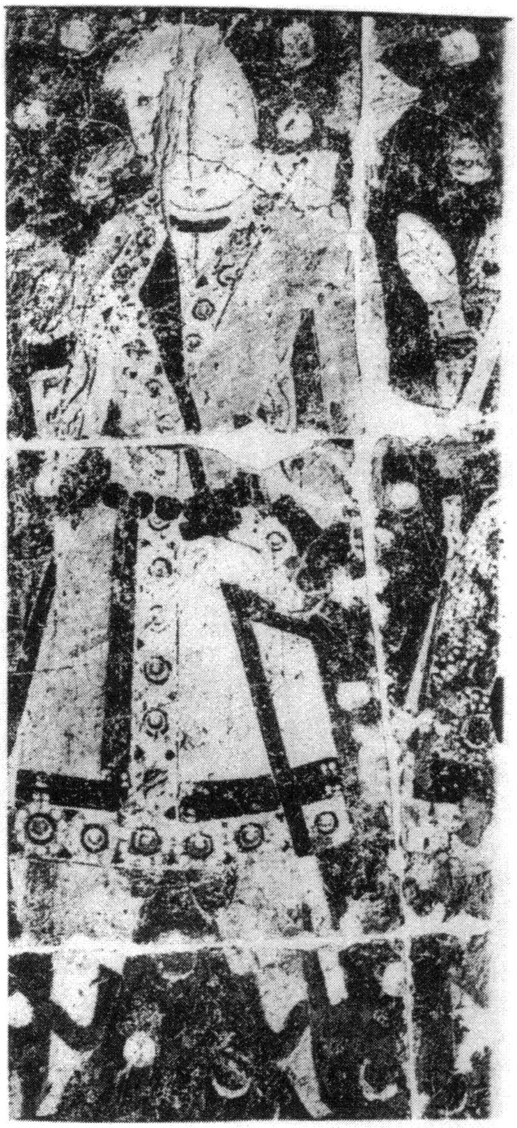

b

a

c

a. Fürstlicher Stifter. „Höhle der sechszehn Schwertträger". Quyzil bei Kutscha. 7. Jh. n. C. (?) Museum für Völkerkunde, Berlin. — b. „Höhle der Maler". Quyzil. 6.—7. Jh. n. C. (?) — c. Höhle Nr. 19. Qumtura. 7. Jh. n. C. (?) Nach A. von Lecoq, Bilderatlas.

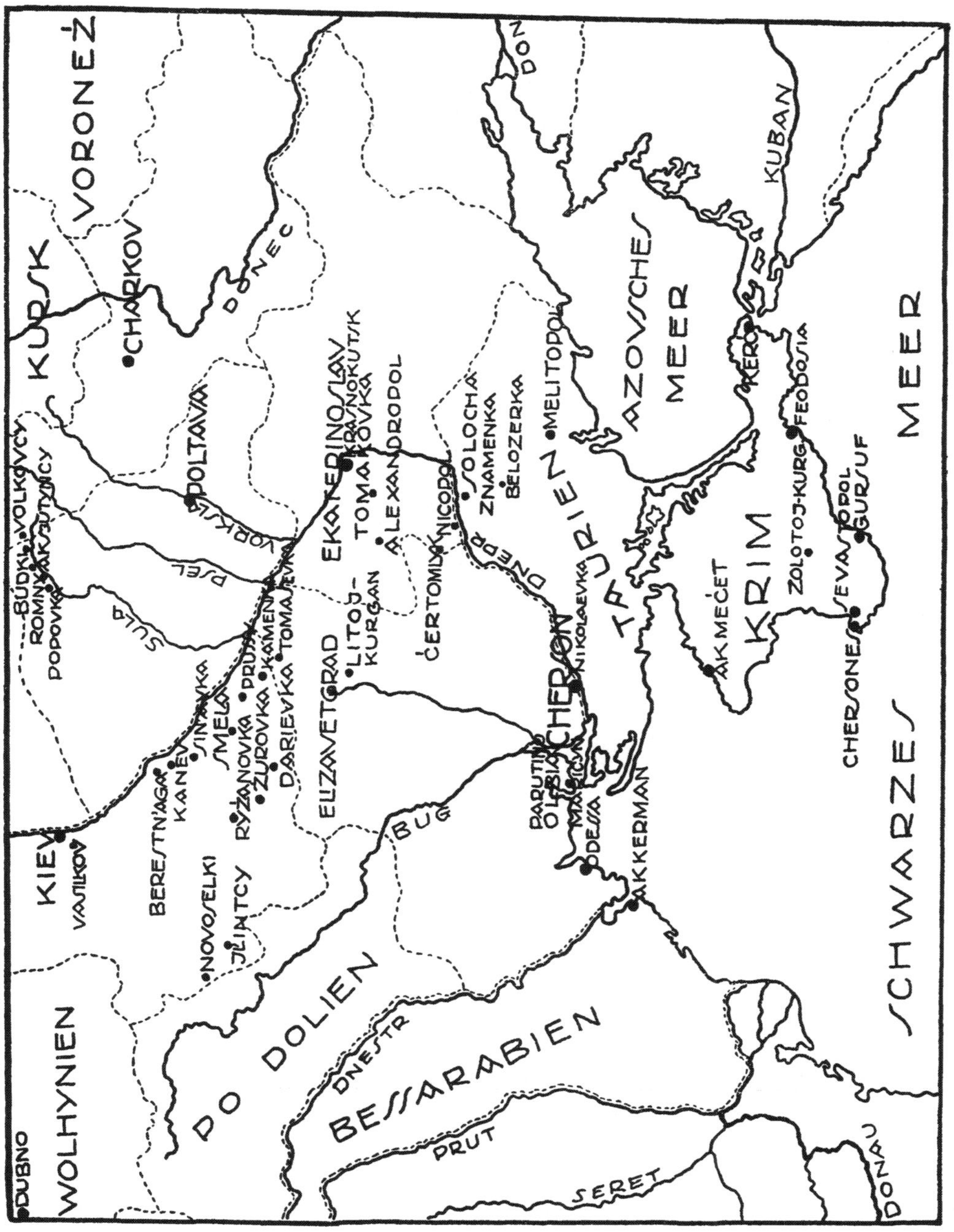


Karte der wichtigsten Fundorte aus der skytho-sarmatischen Periode in Südrußland (vgl. auch Tf. 43b).

die verhältnismäßig tiefe Lage der Tragbügel ab, die bei den keltischen Schwertscheiden immer sehr hoch, fast am oberen Scheidenende befestigt sind, während sie bei den sarmatischen Schwertern etwa im oberen Drittel der Scheide und niedriger liegen (vgl. Tf. 28 e, 33).

Die Befestigung der Schwertscheide durch einen oder mehrere nebeneinander gesetzte Tragbügel haben auch die Schwerter aus den bekannten dänischen Moorfunden[1]) und einige Schwerter der späten Völkerwanderungszeit (vgl. z. B. Lindenschmit, Altertümer u. heidn. Vorzeit Bd. V Tf. 12).

## 8. ZUSAMMENFASSUNG

Die Zusammenstellung des gesamten zugänglichen Materials über die Schwertformen der skythischen und sarmatischen Periode in Südrußland ermöglicht es, von den bisher nur aus einzelnen herausgegriffenen Beispielen und den kargen historischen Quellen bekannten Tatsachen ein zuverlässiges, die Einzelerscheinungen berücksichtigendes Bild zu entwerfen. Mit dem Eintreten des Skythen in die Geschichte Südrußlands herrscht hier ein Kurzschwerttypus, dessen Charakteristikum bei verschiedener Knaufform die herzförmige Parierstange und die eigenartige Gestaltung der Scheide mit einem oder seltener zwei seitlichen Ansätzen für die Tragöse und der eigentümlichen Tragweise am rechten Schenkel ist. Dieses Kurzschwert entspricht genau solchen Schwertern der Perser auf den Reliefs von Persepolis und ist identisch mit dem uns von der antiken literarischen Tradition überlieferten Akinakes der Perser und Skythen. Die ältesten datierten Akinakesfunde in Südrußland stammen aus dem 6. vorchristlichen Jahrhundert. Die verschiedenen sich anschließenden Entwicklungsgruppen gehören hauptsächlich in das 5.—3. Jh. v. C. Mit dem zweiten Jahrhundert scheinen diese Schwerter in ihrer ursprünglichen Form in Südrußland auszusterben und einer neuen Platz zu machen. Einzelne Elemente, wie das Prinzip der Befestigung und die Scheidenansätze, halten sich außerordentlich lange und werden von anderen Schwerttypen übernommen. Die zeitliche und räumliche Verbreitung des Akinakes und der von ihm abzuleitenden oder beeinflußten Formen ist eine sehr große. Schon die Grundform in der skythischen Zeit hat ihre westlichsten Ausläufer in Schlesien und Norddeutschland (Vettersfelde), während sie im Osten Sibirien und Mittelasien für sich beansprucht.

Die jüngsten auf die Grundform zurückgehenden Erscheinungen in Skandinavien und dem Ostbaltikum reichen bis an das Ende des ersten nachchristl. Jahrtausends und im fernen Osten sind Überlebsel des Akinakes sogar bis in das vorige Jahrhundert zu verfolgen.

Ich habe die Frage der Entstehung dieser Schwertform, die sicher auf einen gemeinsamen Urtypus zurückgeht, hier offen gelassen. Der Stand der Forschung und das Fehlen von Material aus den dafür wichtigen Gebieten des Ostens, besonders des Iran, machen nähere Bestimmungen unmöglich. Südrußland hat keine Prototypen aufzuweisen, auf die man alle übrigen Gruppen dieser Schwertform zurückführen könnte. Der Akinakes erscheint hier schon in den frühesten Funden voll ausgebildet und erfährt im Laufe der Zeit eine Reihe verschiedenartiger Umwandlungen, aber keine eigentliche Entwicklung im Sinne einer zweckbewußten typologischen Fortbildung. Dasselbe ist von den Typen der sibirischen Bronzezeit zu

[1]) C. Engelhardt, Thorsberg Mosefund. Kopenhagen 1863 Tf. 10, 31; ders., Nydam Mosefund 1865 Tf. VIII 25—29.; ders., Vimosefundet 1869 Tf. 6, 13; 7, 30, 31, 33—41, Tf. 9, 63—81.

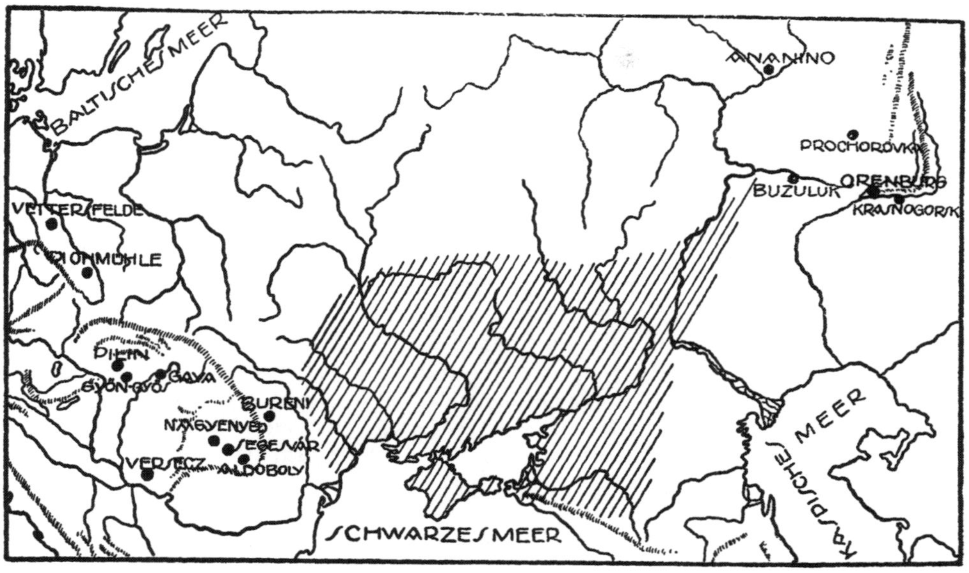


a

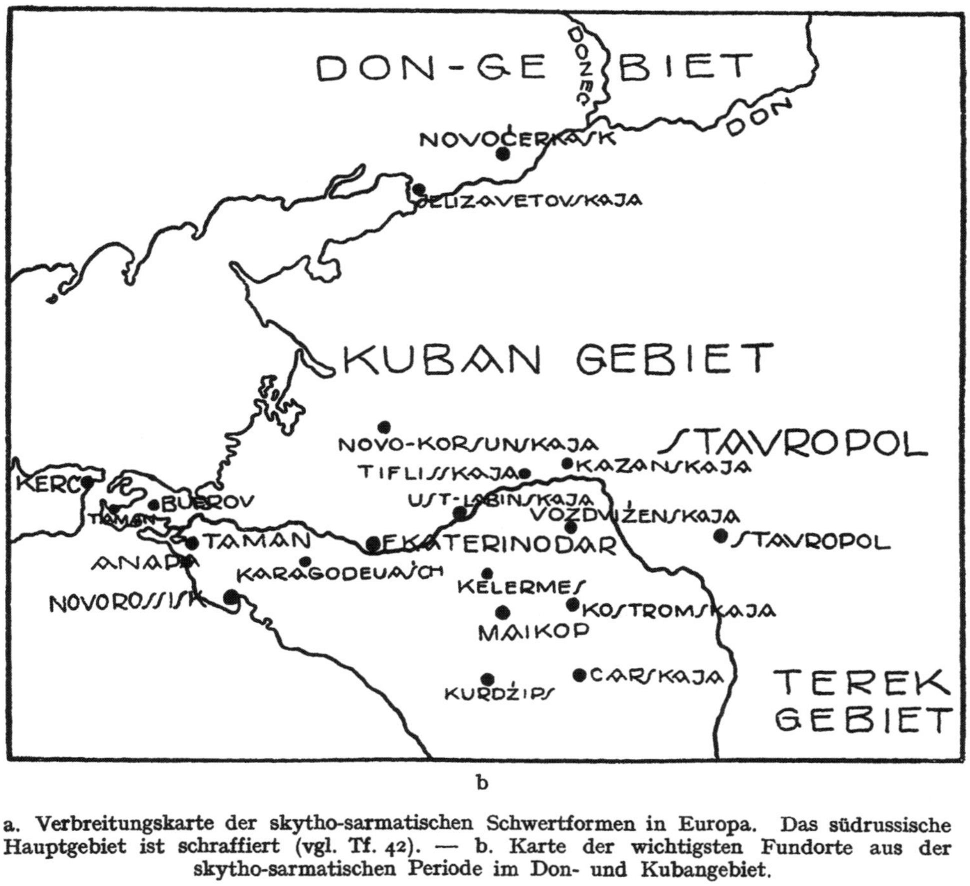


b

a. Verbreitungskarte der skytho-sarmatischen Schwertformen in Europa. Das südrussische Hauptgebiet ist schraffiert (vgl. Tf. 42). — b. Karte der wichtigsten Fundorte aus der skytho-sarmatischen Periode im Don- und Kubangebiet.

sagen, in deren Dolchformen z. B. Minns die Vorbilder der südrussischen Kurzschwerter sehen wollte.

Unklar sind auch die Wechselbeziehungen zu den Nachbargebieten. Die Beeinflussung des Akinakes mit Antennenknauf durch ähnliche Knaufformen der späten Bronzezeit und der Hallstatt- und Latènezeit des Westens läßt sich archäologisch nicht beweisen, wäre aber nicht unmöglich.[1]) Zur sarmatischen Zeit (vom 2. Jh. v. C. ab) wird der skythische Akinakes von anderen Schwertformen abgelöst. Es sind das Kurz- und Langschwerter verschiedener Form mit einer geraden Parierstange. Die Kurzschwerter werden zwar auch am rechten Schenkel befestigt getragen, entbehren aber der typischen Gestaltung der Akinakesscheide mit den seitlichen Ösenansätzen. Die Langschwerter dieser Gruppe werden vermittelst eines Riemens, der durch einen auf der Scheide aufgesetzten Tragbügel läuft, am Waffengurt und zwar an der linken Seite getragen. Die Formen der Schwerter und Kurzschwerter dieser Gruppe weisen gewisse Wechselbeziehungen zu der alten Akinakesform auf. Eine Entwicklung aus dem skythischen Akinakes findet aber nicht statt. Vielmehr wird die neue Schwertform zusammen mit anderen neuen Formen von Völkerbewegungen aus dem Osten mitgebracht.

Was die Verbreitung dieser Schwertform anbetrifft, so geht sie nicht soweit nach dem Westen wie der Akinakes, beansprucht für sich aber den ganzen asiatischen Osten, wo ähnliche Schwertformen bis in das 8. nachchristl. Jahrh. zu verfolgen sind. Der Akinakes und das sarmatische Schwert sind typisch iranische Formen. Die Erscheinungen und die Verbreitung dieser Schwertformen, wie der skythosarmatischen Bewaffnung überhaupt, spricht für den iranischen Osten als Ausgangspunkt. Sie treten überall dort auf, wo wir es mit Strömungen aus iranischen oder iranisierten Gebieten zu tun haben.

---

[1]) J. Kostrzewski nennt Prähist. Zeitschrift 10 (1918) S. 166 ein echtes bronzenes Antennenschwert aus der Gegend von Jekaterinoslav, in einem Kurgan zusammen mit skythischen Sachen gefunden. Ferner will er eiserne Nachbildungen dieser Schwertart von Sienna, Kubangebiet und von Aksiutincy, Gouv. Poltava, kennen. Leider ist der Charakter dieser Schwertfunde nicht näher geklärt. Vgl. dazu Tallgren La Pontide Préscythique 1926 S. 203 und Ebert, Südrußland S. 388

# VERZEICHNIS
# DER ABKÜRZUNGEN UND LITERATUR-HINWEISE


Antiquités du Bosphore Cimmérien = Antiquités du Bosphore Cimmérien conservées au Musée Imperial de l'Ermitage. St. Pétersbourg 1854 (franz. und russisch). Von S. Reinach in der „Bibliothèque des Monuments Figurés" im verkleinerten Format neu herausgegeben. Paris 1892.

Antiquités de la Scythie = Antiquités de la Scythie d'Hérodote. 2 Bde, 1866, 1873. Mit Atlas. Sie bilden die beiden ersten Bände der Materialy.

Arch. Anz. = Archäologischer Anzeiger. Beiblatt zum Jahrbuch des Deutschen Archäologischen Institutes. Berlin.

Arch. Ert. = Archaeologiai Ertesitö. (Archäologischer Anzeiger, herausgegeben von der Ungarischen Akademie der Wissenschaften.)

Bobrinskoj, Směla = A. A. Bobrinskoj, Kurgany i slučainyja archeologičeskija nachodki bliz městečka Směly. I—III. Petersburg 1887—1901. (Kurgane und zufällige Funde beim Orte Směla.)

Chanenko, Sammlung = B J. Chanenko, Sobranije Chanenko, Drevnosti pridněprovja. I—IV. Collection Chanenko, Antiquités de la region du Dniepre. Kiew 1899—1907.

Ebert, Südrußland = M. Ebert, Südrußland im Altertum. Bonn und Leipzig 1921.

Izvěstija = Izvěstija Imperatorskoj Russkoj Archeologičeskoj Kommissii. St. Petersburg 1901. (Nachrichten der Kaiserl. russ. archäologischen Kommission.)

Kieseritzky-Watzinger, Südruss. Grabreliefs = G. v. Kieseritzky und C. Watzinger, Griechische Grabreliefs aus Südrußland. Berlin 1909.

Materialy = Materialy po Archeologii Rossii. Izdavaemyje gosudarstvennoju archeologičeskoju kommissieju. Petersburg 1888—1918. (Materialien zur Archäologie Rußlands.)

Minns, Scythians = Ellis H. Minns, Scythians and Greeks. Cambridge 1913.

Otčet = Compte rendu de la commission impériale archéologique. Seit 1859—1881 deutsch und französisch, 1882—1888 französisch und russisch und seit 1889 russisch: Otčet archeologičeskoj kommissij. Dazu Albom risunkov poměščennych v otčetach za 1882—1898g. St. Petersburg 1906. (Album der Abbildungen, die darin 1882—1898 enthalten sind.)

Rostovcev, Dekorative Malerei = M. I. Rostovcev, Antičnaja dekorativnaja živopis' na jugě Rossii. St. Petersburg 1914 (Die antike dekorative Malerei in Südrußland.)

Rostovcev, Iranians = M. I. Rostovcev, The Iranians and Greeks in South Russia. Oxford 1922.

Rostovcev, Skythien = M. I. Rostovcev, Skifija i Bospor. Petrograd 1925. (Skythien und der Bosporus).

Tallgren, Collection Tovostine = A. M. Tallgren, Collection Tovostine des antiquités préhistoriques de Minoussinsk. Helsingfors 1917.

Tolstoj-Kondakov, Russkija Drevnosti = I. I. Tolstoj und N. P. Kondakov, Russkija Drevnosti v pam'atnikach iskusstva I—IV. St. Petersburg 1889—1891. (Russische Altertümer in Kunstdenkmälern.)

# AUTOREN- UND ORTSNAMENVERZEICHNIS

FSC
www.fsc.org
MIX
Papier | Fördert gute Waldnutzung
FSC® C083411

Kolibri 360 GmbH
Ferdinand-Jühlke-Straße 7
99095 Erfurt, Deutschland
produktsicherheit@kolibri360.de